Google HomeやAmazon Echoはこうやって動いている

ラズベリー・パイで作る AIスピーカ ［プリント基板付き］

漆谷 正義 他著

CQ出版社

まえがき

AI(人工知能)の第3次ブームが到来しています.

1980年ごろ,コンピュータが人の脳に取って代わるのでは?と期待が寄せられ,AIの第1次ブームが起こりました.その後の第2次ブームでも,本格的な普及には至りませんでした.でも,どうやら今回は本物のようです.

実用化の理由には,コンピュータ,通信,クラウド,ストレージ,半導体などが飛躍的に高性能化したことが挙げられます.金融,農業,自動運転などのインフラが,AIの実用化に積極的だったことも強く後押ししました.

人とパソコンをつなぐ入出力デバイス「ヒューマン・インターフェース」といえば,キーボード,マウス,ディスプレイです.これらは,必ずしも使いやすいとは言えません.最新のスマホやタブレットでさえも,指先の操作が必要です.

第3次ブームの中,声で人とクラウドAIをつなぐヒューマン・インターフェース「AIスピーカ」が誕生しました.話しかけると,情報を検索したり,音楽を鳴らしたり,計測したりしてくれます.

本書では,人気のI/Oコンピュータ「ラズベリー・パイ」を使ったAIスピーカの作り方を解説します.マイクやアンプを搭載できるプリント基板も付けました.スマホやクラウドの働きやオーディオ信号の処理,AIのしくみなど,IoT時代の基幹技術を実感し,体得することができるでしょう.

千里の山も一歩から.困難にめげずに突き進んでください.

漆谷 正義

本書は月刊『トランジスタ技術』2018年3月号 特集 マンガ超入門! AI電脳製作[基板付き]の内容を加筆・再編集したものです.

ラズベリー・パイで作るAIスピーカ［基板付き］

目　次

第1部　ビギナに贈る！マンガAI物語

第2部　付録基板×ラズベリー・パイで作るAIスピーカ

第1部

ビギナに贈る！ マンガAI物語

［原作］畑 雅之 ［監修］松原 仁 ［作画］神崎 真理子

登場人物紹介

AI×センサの未来

第1話　AIの働きを言葉にしてみる

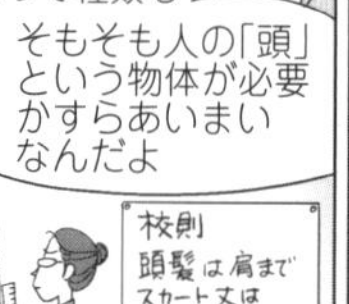

①身体性

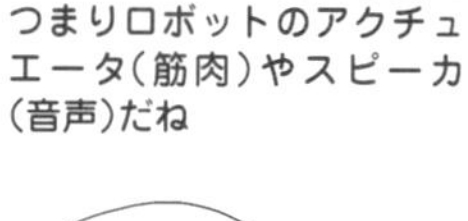

AIに，視覚／聴覚／嗅覚／味覚／触覚の五感センサを搭載すれば，人の身体性を持たせられる

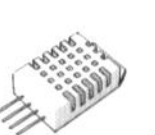

超音波　加速度　温度　圧力　画像

さまざまなセンサ

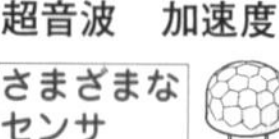

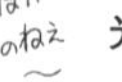

光　ガス　距離　音声

センサを動かす体も必要だ．つまりロボットのアクチュエータ（筋肉）やスピーカ（音声）だね

②判断

人は，さまざまなセンサを働かせて，その計測結果を元に総合的に未来を判断する．1つの計測結果がしきい値を超えたから「ブレーキをかける」，という単純な判断はしない

③知能

知能は，問題を解決する力だ

匠は知能を磨き続ける職人だ

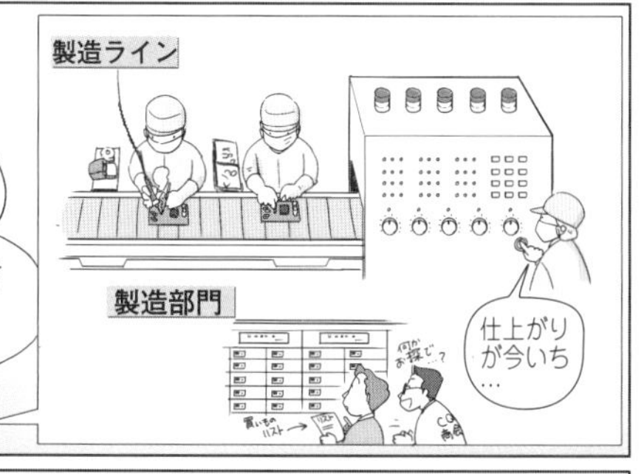

④知性

はっきりしない問題に適応する能力

例えば、お客さんのニーズに応える商品を考え出す力とかだ

知能は知性に含まれる，とか，知性は人間にしかない能力と言われている

⑤学習
スキルを身に付ける能力だ．学習には動機や報酬が必要
設計者は，少しでも回路基板の性能が上がるように日々，先輩や教科書に習い続けている
はんだ付け
全然ダメ
ハイ…
前より少しマシ
ビシッ
給料上げてね
考えとく
学ぶもの
•パターン
•規則性
•頻度
•手順
•対応
•対称
…

⑥理解
ものごとをひもといてその性質を把握する能力だ
例えばトランジスタの動作を理解するプロセス
コレクタ
ベース
エミッタ
スイッチオン！
①電源を入れると光のスピードで動作が決まる．一体全体どう動いているのか…スローで見てみよう
②トランジスタの増幅動作は2ステップに分解できる
③STEP1
ベース
IB
電流
エミッタ
ベースからエミッタに電流IBが流れる
④STEP2
コレクタ電流が流れる
コレクタ
IC
ベース
IB
エミッタ
コレクタからエミッタに向かってベース電流(IB)の電流増幅率(hFE)倍の電流が流れる
⑤この2ステップ動作が光の速度でパッ！と決まるのだ

第2話　AIはどこにある？

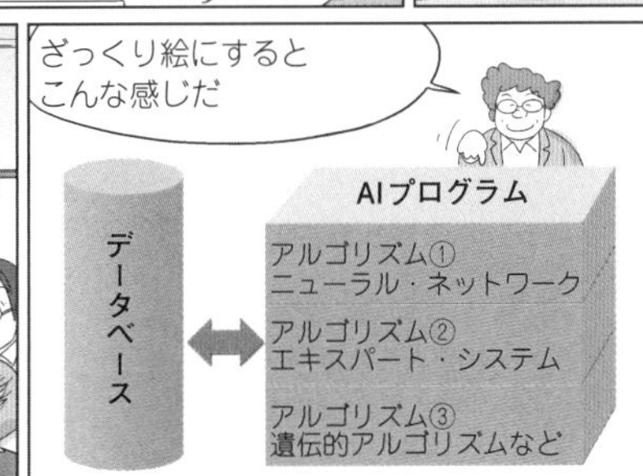

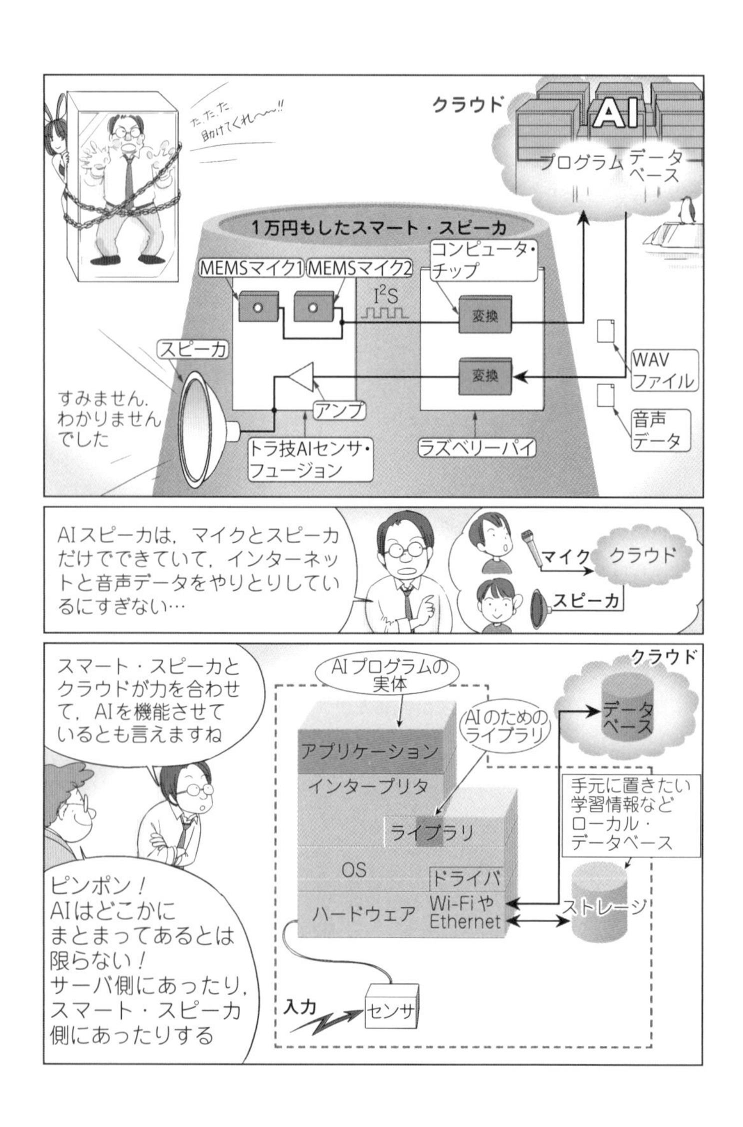

た、た、た、助けてくれ～～!!
クラウド
AI
プログラム
データベース
1万円もしたスマート・スピーカ
コンピュータ・チップ
MEMSマイク1
MEMSマイク2
I2S
変換
変換
WAVファイル
音声データ
スピーカ
アンプ
すみません.わかりませんでした
トラ技AIセンサ・フュージョン
ラズベリーパイ
AIスピーカは，マイクとスピーカだけでできていて，インターネットと音声データをやりとりしているにすぎない…
マイク
クラウド
スピーカ
スマート・スピーカとクラウドが力を合わせて，AIを機能させているとも言えますね
クラウド
AIプログラムの実体
AIのためのライブラリ
データベース
アプリケーション
インタープリタ
ライブラリ
OS
ドライバ
ハードウェア
Wi-FiやEthernet
手元に置きたい学習情報などローカル・データベース
ストレージ
ピンポン！AIはどこかにまとまってあるとは限らない！サーバ側にあったり，スマート・スピーカ側にあったりする
入力
センサ

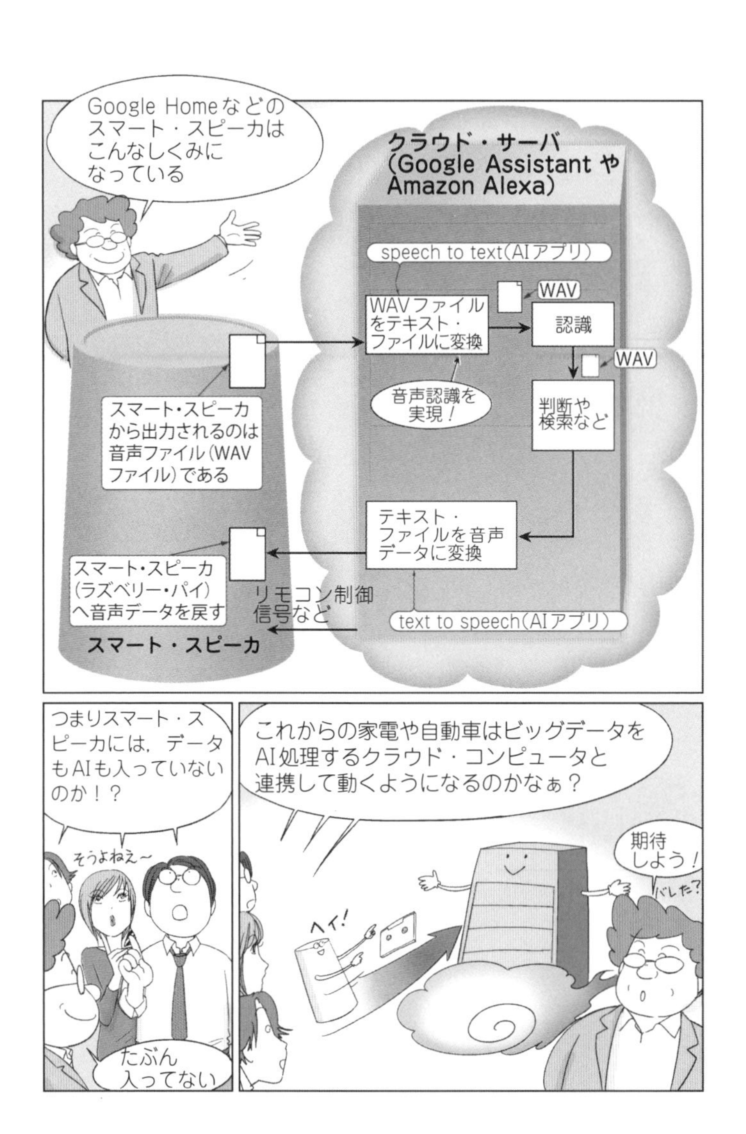

Google Homeなどのスマート・スピーカはこんなしくみになっている
クラウド・サーバ(Google Assistant や Amazon Alexa)
speech to text(AIアプリ)
WAV
WAVファイルをテキスト・ファイルに変換
認識
WAV
音声認識を実現！
判断や検索など
スマート・スピーカから出力されるのは音声ファイル(WAVファイル)である
テキスト・ファイルを音声データに変換
スマート・スピーカ(ラズベリー・パイ)へ音声データを戻す
リモコン制御信号など
text to speech(AIアプリ)
スマート・スピーカ
つまりスマート・スピーカには，データもAIも入っていないのか！？
そうよねえ～
たぶん入ってない
これからの家電や自動車はビッグデータをAI処理するクラウド・コンピュータと連携して動くようになるのかなぁ？
期待しよう！
バレた？
ヘイ！

第3話　人間に近づくセンサ搭載AI

ともちゃん
いいこと言うねぇ！
ともちゃんは
テレビの中の
炎の熱さがわか
らないの？
もっと改良
しなきゃ
後日…
大変です！
火事です！
燃えています！
おぉ，また
学習したね！
でもあれはドラマ
だから大丈夫だよ
改良工事終了！
ともちゃんは
学習してさらに
パワーアップ！
認識力
あ～っぷ！
センサ・フュージョン！進化したともちゃん
CO_2
画像
赤外線
複数のデータから
多面的に物事を
考える
触角
圧力
鼻
距離
耳
うまみ
口
インターネット
水分
無線
多くのセンサ情報
から総合的な判断
ができるように！

第4話　人を超えるAI

理由①
雨なのでお客さんが帰らずに飲んだくれる

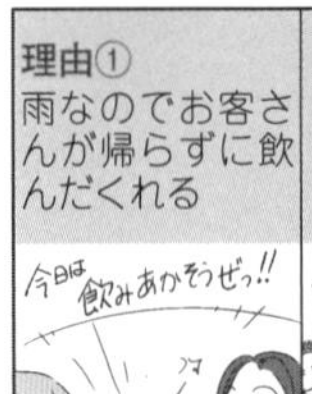

理由②
これから
お客さんが10人も来る

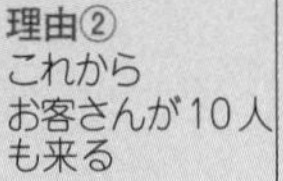

理由③
注文が多くなるので調理の量が増える

第5話　認識するAI

ともちゃんって，
中どうなってんの？
しくみ教えてよ…
わりと何でも
できます
センサとアクチュエータ
しか入っていないんだ
外見がよければお客さん
入るでしょ．コンピュー
タと電源はカウンタの下
にかくしてあるんだ
コンピュータ
電源
センサ
アクチュエータ
ともちゃんがすご
いのは音声と画像
を一度に認識する
ことなんだ
聖徳太子みたいに，
大勢が話した内容を
一度に理解したり，
防犯カメラと繋がって
いて，映像から常連さ
んとドロボーを見分け
たりできるんだ
AI入りのロボッ
ト掃除機を買っ
たんだ．
リビングがいつも
きれい
ビッグデータ
って，どんな
に大きいん
だろう？
「アトム・ザ・ビ
ギニング」って
マンガ読んで
る？AI研究用
ロボットが成
長する話だよ
ともちゃんは，複数のマイクを搭載していて，
話者の方向を特定したり，ノイズをキャンセ
ルしたりする．話者の移動も推定する．これ
をマルチ・マイク・システムというんだ
想像もつかな
いよ
夢が
あるね
認識って
何をするの？
形やパターンが，
ある条件を満たして
いるかどうかを判別
するのさ
あれもこれも皆トランジスタ
一言では
表せない

第6話　脳に近づいたAI

ILSVRC：ImageNet Large Scale Visual Recognition Competition

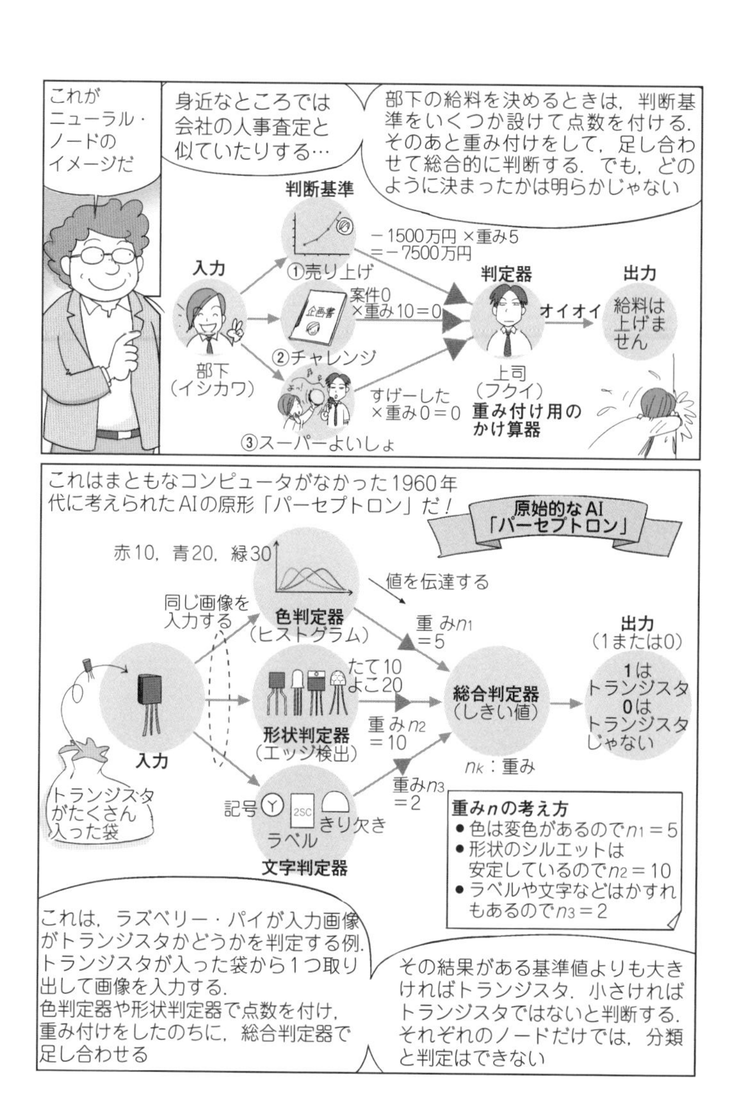
これが
ニューラル・
ノードの
イメージだ
身近なところでは
会社の人事査定と
似ていたりする…
部下の給料を決めるときは，判断基準をいくつか設けて点数を付ける．そのあと重み付けをして，足し合わせて総合的に判断する．でも，どのように決まったかは明らかじゃない
判断基準
入力
部下
（イシカワ）
①売り上げ
－1500万円 ×重み5
＝－7500万円
②チャレンジ
企画書
案件0
×重み10＝0
③スーパーよいしょ
すげーした
×重み0＝0
判定器
上司
（フクイ）
重み付け用の
かけ算器
オイオイ
出力
給料は
上げま
せん
これはまともなコンピュータがなかった1960年代に考えられたAIの原形「パーセプトロン」だ！
原始的なAI
「パーセプトロン」
赤10，青20，緑30
値を伝達する
同じ画像を
入力する
色判定器
（ヒストグラム）
重みn_1
＝5
たて10
よこ20
形状判定器
（エッジ検出）
重みn_2
＝10
記号
2SC
ラベル
きり欠き
文字判定器
重みn_3
＝2
入力
トランジスタ
がたくさん
入った袋
総合判定器
（しきい値）
n_k：重み
出力
（1または0）
1は
トランジスタ
0は
トランジスタ
じゃない
重みnの考え方
● 色は変色があるので$n_1=5$
● 形状のシルエットは安定しているので$n_2=10$
● ラベルや文字などはかすれもあるので$n_3=2$
これは，ラズベリー・パイが入力画像がトランジスタかどうかを判定する例．トランジスタが入った袋から1つ取り出して画像を入力する．
色判定器や形状判定器で点数を付け，重み付けをしたのちに，総合判定器で足し合わせる
その結果がある基準値よりも大きければトランジスタ．小さければトランジスタではないと判断する．それぞれのノードだけでは，分類と判定はできない

第7話　学習する機械

動物が学習するのは知ってるけど，機械も学習できるのね
そう，それが「機械学習」なんだ．今話題の「ディープ・ラーニング」も，機械学習の1つだ．ディープ・ニューラル・ネットワーク(DNN)というしくみを利用するんだ
トランジスタ技術
マシン

漢字変換辞書は，言葉の使用頻度を学習してよく使う文字を最初の候補に挙げるように働く．これも機械学習の1つだ
じんこう
人口
人工
沈香
人孔
仁幸

学習を積み重ねたニューラル・ネットワークは，大きいリンゴも小さいリンゴも青いリンゴも「リンゴ」と認識する
リンゴ
リンゴ
リンゴ
くさってる
リンゴ

品種や大きさが違っても，「リンゴ」ってわかるのはすごいかも
リンゴ
千秋
紅玉
シナノ
フジ
国光

クラウド上の巨大なコンピュータが，地球上の情報を全部飲みこもうとしている

第8話　通塾型と独学型

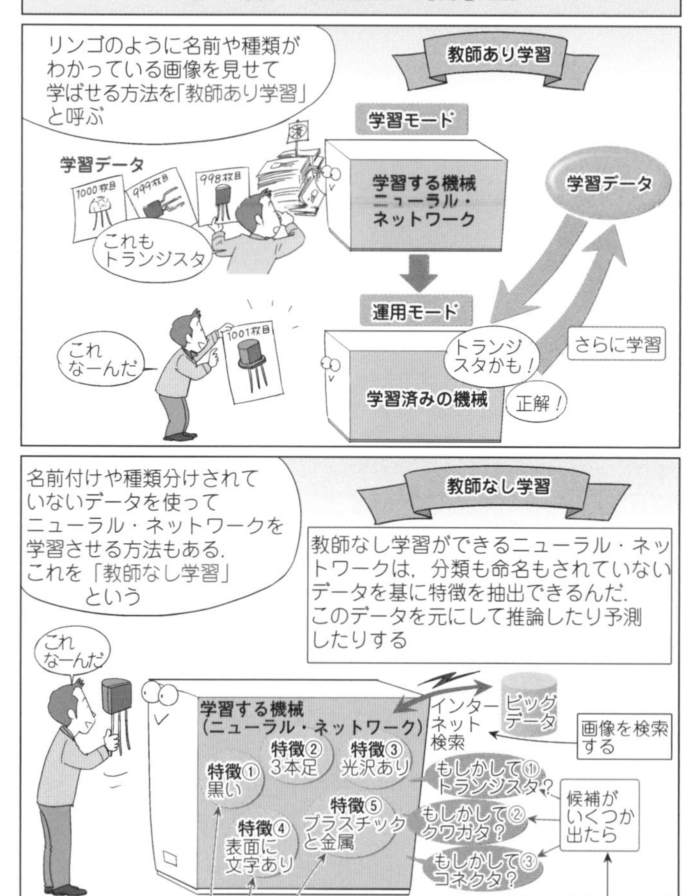

リンゴのように名前や種類がわかっている画像を見せて学ばせる方法を「教師あり学習」と呼ぶ
教師あり学習
学習データ
1000枚目
999枚目
998枚目
これもトランジスタ
学習モード
学習する機械ニューラル・ネットワーク
学習データ
運用モード
これなーんだ
1001枚目
トランジスタかも！
さらに学習
学習済みの機械
正解！
名前付けや種類分けされていないデータを使ってニューラル・ネットワークを学習させる方法もある．これを「教師なし学習」という
教師なし学習
教師なし学習ができるニューラル・ネットワークは，分類も命名もされていないデータを基に特徴を抽出できるんだ．このデータを元にして推論したり予測したりする
これなーんだ
学習する機械（ニューラル・ネットワーク）
インターネット検索
ビッグデータ
画像を検索する
特徴① 黒い
特徴② 3本足
特徴③ 光沢あり
特徴④ 表面に文字あり
特徴⑤ プラスチックと金属
もしかして① トランジスタ？
もしかして② クワガタ？
もしかして③ コネクタ？
候補がいくつか出たら
最初は，特徴名が付けられていない
ネット上で言葉の出現率を調べる

第9話　見せるだけで学習する機械

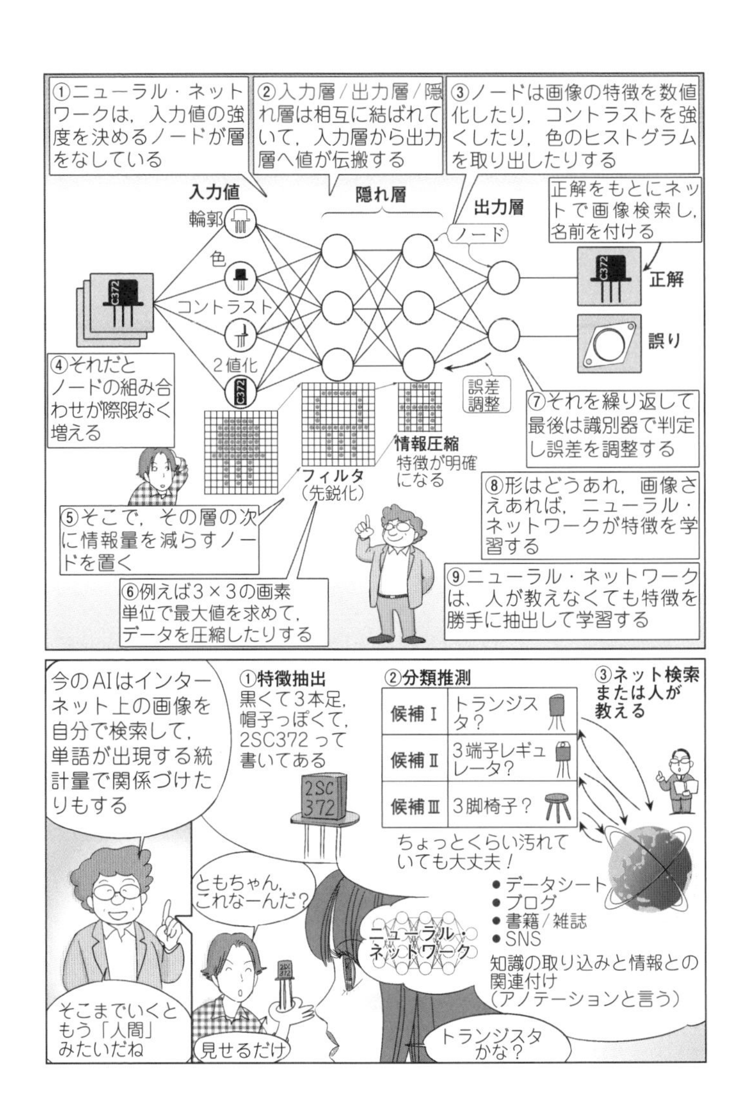

①ニューラル・ネットワークは，入力値の強度を決めるノードが層をなしている
②入力層/出力層/隠れ層は相互に結ばれていて，入力層から出力層へ値が伝搬する
③ノードは画像の特徴を数値化したり，コントラストを強くしたり，色のヒストグラムを取り出したりする
入力値
隠れ層
出力層
輪郭
色
コントラスト
2値化
ノード
正解をもとにネットで画像検索し，名前を付ける
正解
誤り
④それだとノードの組み合わせが際限なく増える
誤差調整
⑦それを繰り返して最後は識別器で判定し誤差を調整する
情報圧縮
特徴が明確になる
フィルタ
（先鋭化）
⑧形はどうあれ，画像さえあれば，ニューラル・ネットワークが特徴を学習する
⑤そこで，その層の次に情報量を減らすノードを置く
⑨ニューラル・ネットワークは、人が教えなくても特徴を勝手に抽出して学習する
⑥例えば3×3の画素単位で最大値を求めて，データを圧縮したりする
今のAIはインターネット上の画像を自分で検索して，単語が出現する統計量で関係づけたりもする
①特徴抽出
黒くて3本足，帽子っぽくて，2SC372って書いてある
2SC 372
②分類推測
候補Ⅰ トランジスタ？
候補Ⅱ 3端子レギュレータ？
候補Ⅲ 3脚椅子？
③ネット検索または人が教える
ちょっとくらい汚れていても大丈夫！
ともちゃん，これなーんだ？
ニューラル・ネットワーク
●データシート
●ブログ
●書籍/雑誌
●SNS
知識の取り込みと情報との関連付け（アノテーションと言う）
そこまでいくともう「人間」みたいだね
見せるだけ
トランジスタかな？

第10話　七転び八起き! AIの履歴書

AI冬の時代は終わった?

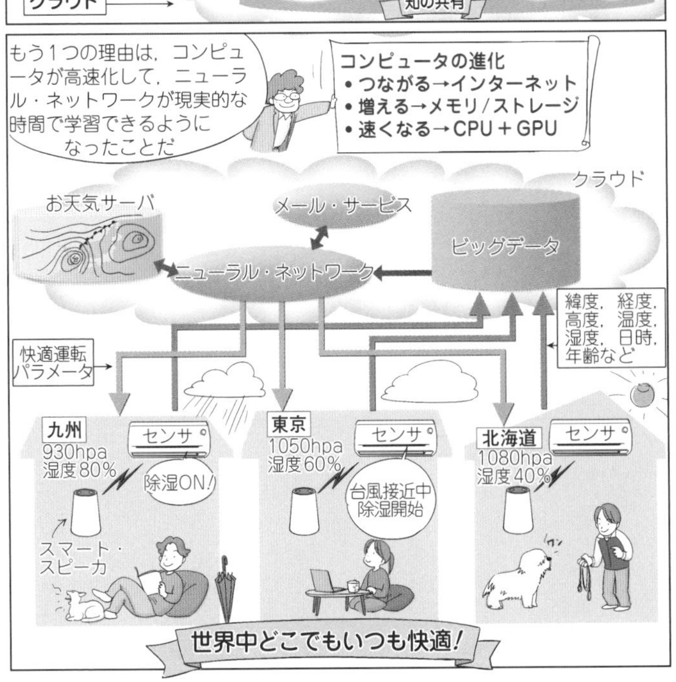

第11話　汎用コンピュータでできた職人

第12話　ここは負けてやるか…未来のAI

第13話　これから始まる？組込みAI旋風

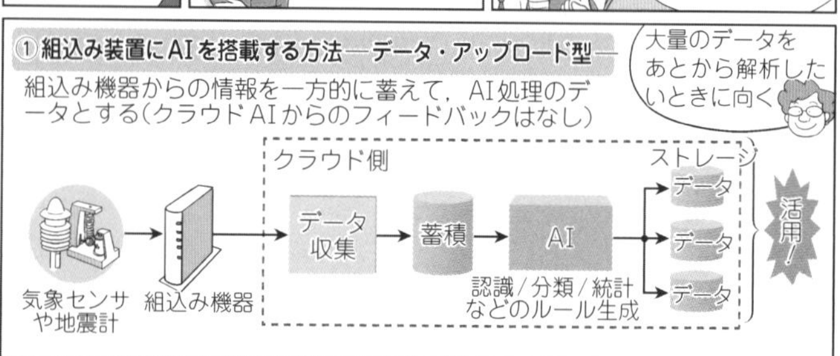

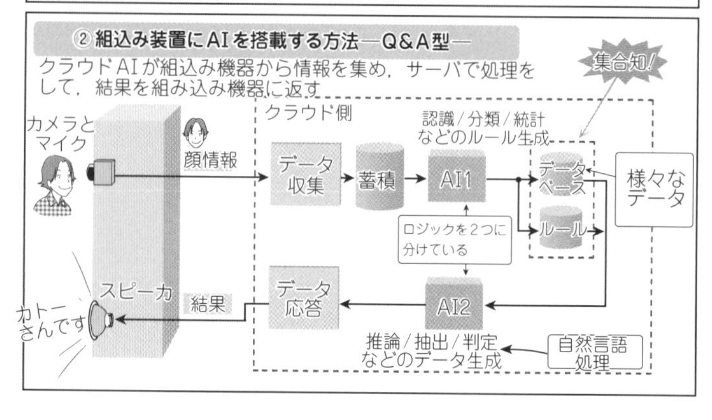

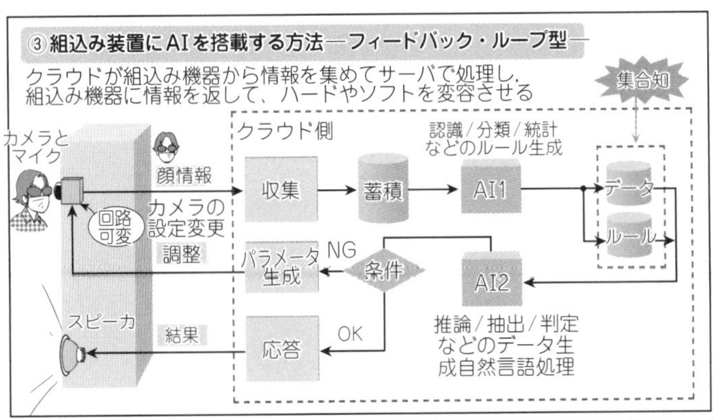
③組込み装置にAIを搭載する方法―フィードバック・ループ型―
クラウドが組込み機器から情報を集めてサーバで処理し，
組込み機器に情報を返して、ハードやソフトを変容させる
集合知
クラウド側
認識/分類/統計
などのルール生成
カメラと
マイク
顔情報
収集
蓄積
AI1
データ
ルール
回路
可変
カメラの
設定変更
調整
パラメータ
生成
NG
条件
AI2
スピーカ
結果
応答
OK
推論/抽出/判定
などのデータ生
成自然言語処理

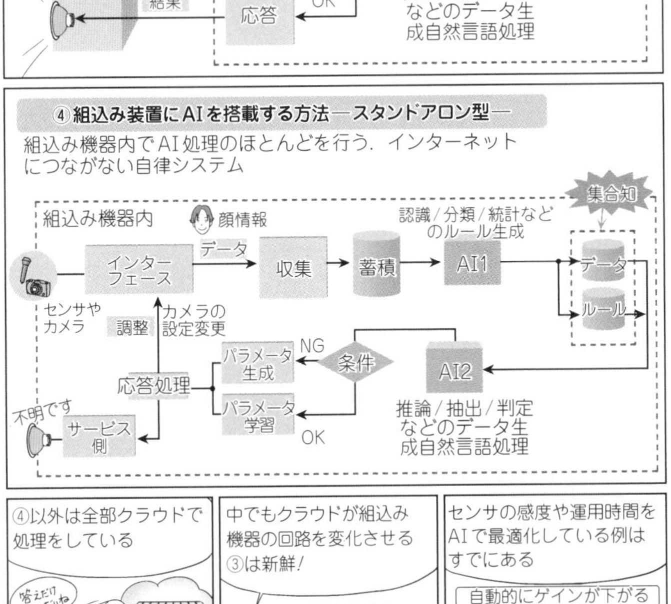
④組込み装置にAIを搭載する方法―スタンドアロン型―
組込み機器内でAI処理のほとんどを行う．インターネット
につながない自律システム
集合知
組込み機器内
顔情報
認識/分類/統計など
のルール生成
データ
インター
フェース
収集
蓄積
AI1
データ
ルール
センサや
カメラ
調整
カメラの
設定変更
パラメータ
生成
NG
条件
AI2
応答処理
パラメータ
学習
OK
不明です
サービス
側
推論/抽出/判定
などのデータ生
成自然言語処理

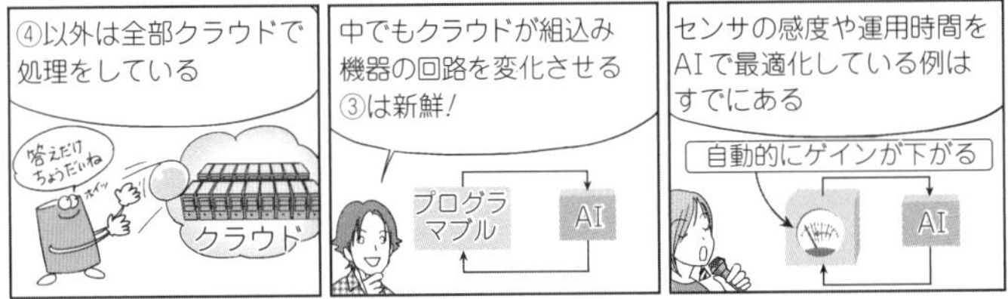
④以外は全部クラウドで
処理をしている
答えだけ
ちょうだいね
クラウド
中でもクラウドが組込み
機器の回路を変化させる
③は新鮮!
プログラ
マブル
AI
センサの感度や運用時間を
AIで最適化している例は
すでにある
自動的にゲインが下がる
AI

第14話　ちょっと未来の組込みマシン

AIを搭載したヒット商品を作れないかな？

1cm精度のGPS搭載歩数計はどう？

田舎の母に持たせて，普段行くはずのない病院に行ったら，知らせてくれるとか…

GPSから取得できる位置と時刻情報をクラウド上のカレンダにアップしてためていく

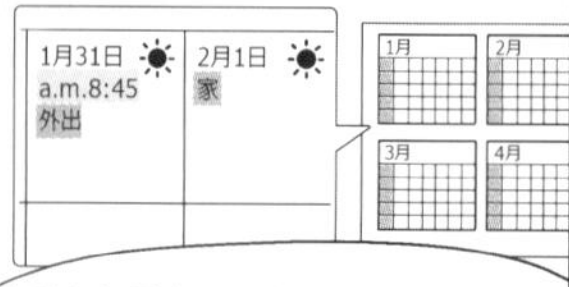

AIはお母さんの行動の特徴を抽出して，今回の通院が重大さや病気にかかる可能性を予測してくれる

クラウド上の天気予報や花粉予報と連携させれば，行動パターンをより高度に解析できる．AIは，学習させたパターンと違う行動をしたら，「何か異常が起こったかも？」と教えてくれる

お母さんの通院のようすを長年蓄積したデータに照らして「今回はいつもと行動が違います．外科医に行くはずはありません．電話してみては？」と知らせてくれる

今のAIは「教師なし」で特徴を分類し，過去の学習情報から何らかの変調を感知する．人間は，時刻/場所/天気などと一緒に起きたことを記憶し続けることはできない．その点マシンはすごい

はたぼう！AI歩数計はナイス・アイディアだ．メーカに売り込もう

第2部

付録基板×ラズベリー・パイで作るAIスピーカ

第1話 クラウドとおしゃべり！ たかが機械と侮るなかれ

[作りながら学ぶ①] 初体験！ トラ技AIスピーカの製作

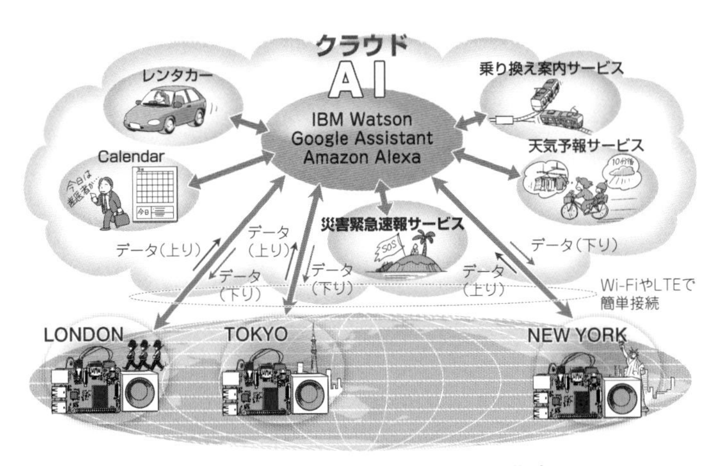

図1 ビッグデータはもう肥大化が止まらない…AIの活躍が期待される
第3世代AIの誕生によって，家電や自動車が生まれ変わるかもしれない

■ コンピュータが考えしゃべり出した！

● 成長し続けるモンスタ・コンピュータ「クラウド」とビッグデータ

クラウドは，クラウド・コンピューティング(cloud computing)の略で，インターネット上にある無数のコンピュータ群を意味します．

移動探索，大容量ストレージ，スケジューラ，お天気情報，レンタカーなど，私たち人類はいつのまにか，毎日さまざまなクラウド・サービスを利用するようになりました．Wi-FiやLTEを使って，インターネットに無線で接続するのも，本当に手軽です(**図1**)．

● AIは手に負えないほど巨大化したビッグデータを使えるようにしてくれる

ビッグデータは，もはや人の手に負えないほど多様で大量です．そして成長し続けています．

肥大化するデータを生活に役立つように，自動的に整理してくれるテクノロジとしてAI(Artificial Intelligence)が注目を浴びています．従来のAIは，一定のしきい値と比べるだけの単純なものだったり，職人の手を借りてパワー・プログラミングしたものだったりしましたが，複雑なアルゴリズムを高速計算し，すぐに応答する超高性能コンピュータの誕生とビッグデータの成長がAIを実用的なレベルに進化させました．

● 地球上の情報を集める電脳耳「AIスピーカ」

Google，Amazon，Microsoftなど，クラウド・サービス大手が，

写真1　GoogleのAIスピーカ「Google Home(グーグルホーム)**GA3A00538A16」**
「Ok! Google」と話しかけると起動して，音声を待ち受ける．例えば「今日の天気は？」と話しかけると，Google AIサーバが言葉を理解し，ウェブサイトを検索して，住んでいる地域の天気を応えてくれる．その他，翻訳や乗換案内，アラーム設定など，ハンズフリーで調べものができる

AIスピーカ(**写真1**)を発売して話題になりました．自動車からテレビまで，あらゆる組込みマシンがクラウドに接続される可能性があることを感じさせる提案商品です．

第1部 第13話で説明があったように，人の活動をモニタするセンサや，時間と位置データを自動的に刻むGPSを搭載した大量のエアコンがクラウドに接続されることも考えられます．AIがこれらのビッグデータを処理するならば，電源をONするだけで，このAIエアコンは，性別．年齢，地域，気候変動を考慮して，地球上のすべての人に，24時間365日，省エネで快適な環境を提供してくれることでしょう． **〈編集部〉**

■ AIスピーカの製作に挑戦！

● クラウド・コンピュータと会話する

人は，話し言葉や口調から，微妙な感情の変化や嘘を識別しますが，将棋や碁のプロ棋士を負かしてしまうほどに進化したコンピュータも，会話となるとからきしダメでした．しかし進化したAIは，人の言葉を理解して，応答するまでにその性能が上がっています．

本書には，AIスピーカを作れるプリント基板が付いています．このプリント基板を「トラ技AIセンサ・フュージョン」と命名しました．

写真2(a)は付録基板とラズベリー・パイを組み合わせて製作したAIスピーカです．「トラ技AIスピーカ」といいます．表面実装部品はすべて，DIP変換基板に載せました．**写真2(b)**はスピーカを接続したところです．ボックスは，第2話に掲載する実寸の型紙で手作りできます．

● センサやLED，サーモ・カメラを搭載！ 遊んで学べるAIスピーカを作る

付録基板の回路を**図2**に，部品表を**表1**に示します．

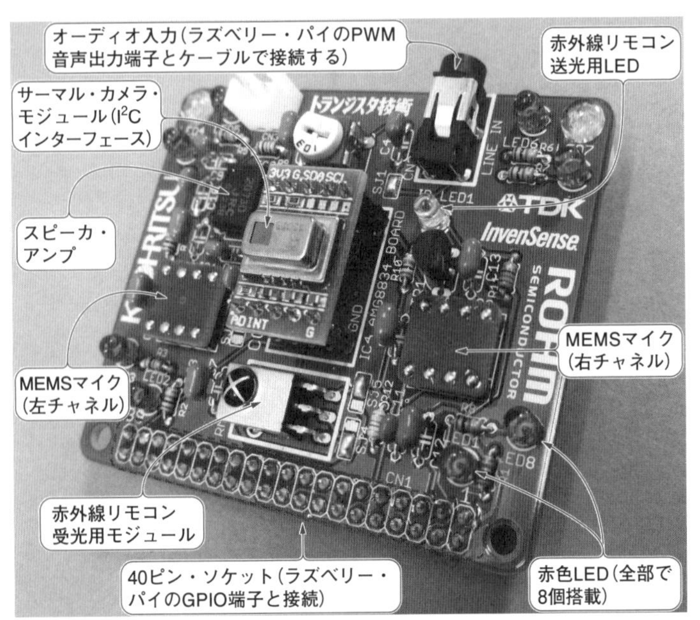

(a) 付録基板を組み立てたところ(トラ技AIセンサ・フュージョンと命名)

(b) スピーカと接続したところ

写真2　本書の付録基板で製作したトラ技AIスピーカ

I²Cインターフェースの入出力デバイスを搭載できる実装スペースも用意しました．**写真2**の例では，8行×8列の赤外線アレイ・センサ AMG8834(パナソニック)を搭載しています．

表1　本誌の付録基板(トラ技AIセンサ・フュージョン)に搭載する部品一覧
部品一式を共立電子産業で購入できる

部品番号	品名	型名，値など	数量	メーカ名
C_1，C_2，C_5，C_7，C_8，C_{12}，C_{13}	積層セラミック・コンデンサ	10μF，5mmピッチ	7	Supertech Electronic
C_4		1μF，5mmピッチ	1	
C_{10}		0.22μF，5mmピッチ	1	
C_3，C_9，C_{11}		0.1μF，5mmピッチ	3	村田製作所
C_6		0.01μF，5mmピッチ	1	Supertech Electronic
CN_1	ピン・ソケット	40ピン(2×20)	1	Useconn Electronics
CN_3	基板用コネクタ	B2B-XH-A，2ピン，2.5mmピッチ	1	日本圧着端子製造
R_9	炭素被膜抵抗	1Ω，1/6W	1	SHIH HAO Electronics
R_{11}		12Ω，1/6W	1	
R_1，R_2，R_3，R_4，R_5，R_6，R_7，R_8，R_{10}		1kΩ，1/6W	9	
R_{12}		82kΩ，1/6W	1	
LED_1～LED_8	LED	SLI-343URC3FV	8	ローム
IC_1，IC_2	ワンチップ・マイクIC	ICS-43432，I^2S	2	TDK (InvenSense)
CN_2	ステレオ・ミニ・ジャック	MJ-8435，ϕ3.5mm	1	マル信無線電機
VR_1	半固定ボリューム	TSR-065-103-R，10kΩ	1	SUNTAN TECHNOLOGY
IC_3	オーディオ・アンプIC	NJM2073D	1	新日本無線
$IRLED_1$	赤外線発光ダイオード	SIR-34ST3F	1	ローム
RM_1	赤外線受光モジュール	PIC-A18143TC5，λ=940nm，38kHz	1	コーデンシ
Tr_1	トランジスタ	M28SL-D-T92-K	1	Unisonic Technologies
IC_4	赤外線アレイ・センサ	AMG8834	1	パナソニック
―	ダイナミック・スピーカ	WAY50-1-8F32P-01，ϕ50mm，8Ω，0.4W	1	Universal Electronics
―	XHコネクタ・ハウジング	XHP-2，2ピン，スピーカ用	1	日本圧着端子製造

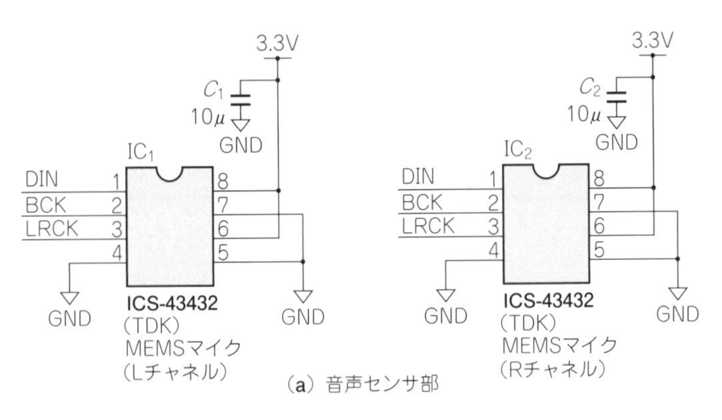

(a) 音声センサ部

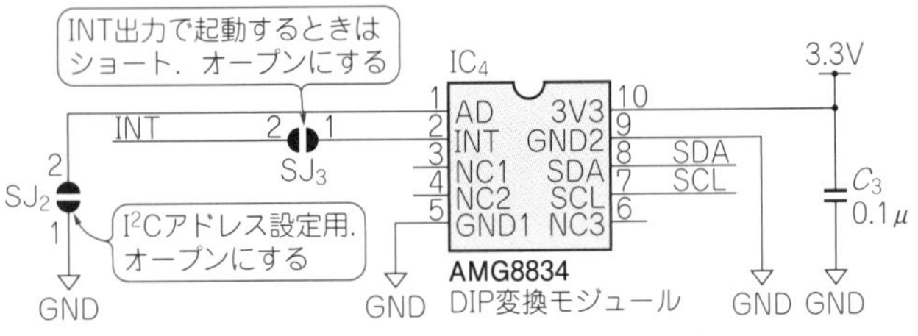

(b) 赤外線アレイ・センサ(サーモ・カメラ)部

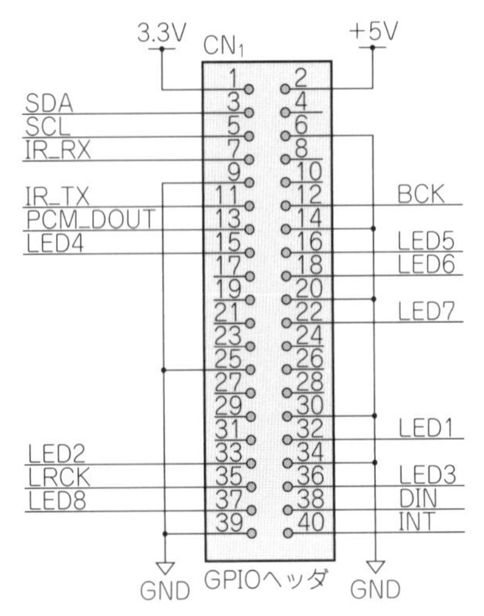

(c) ラズベリー・パイのGPIO端子と接続するコネクタ

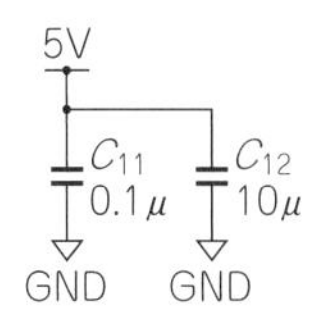

(d) 電源デカップリング・コンデンサ

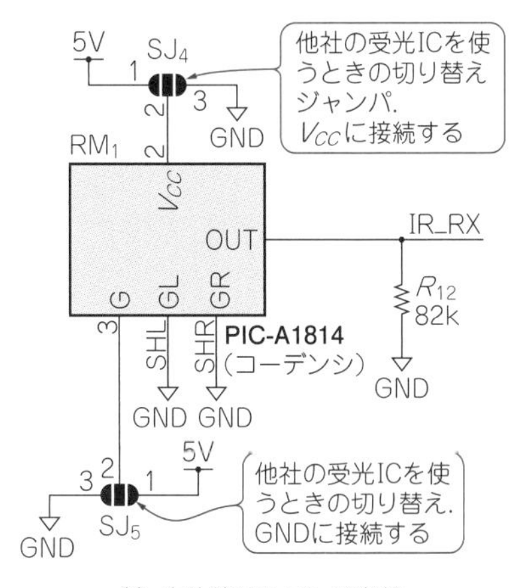

(f) 赤外線リモコン受光部

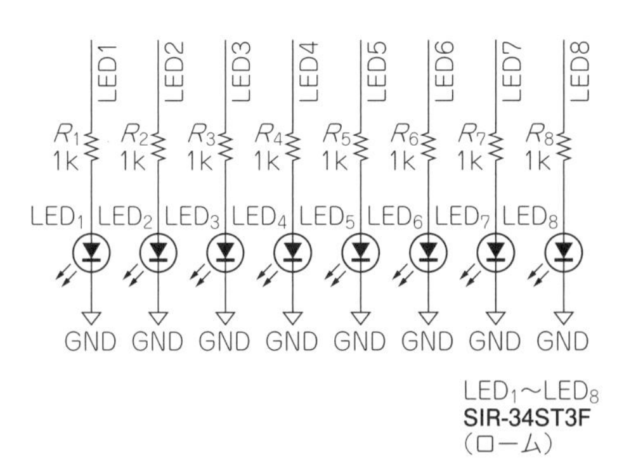

(e) LED表示部. ラズベリー・パイのGPIOにつながる

図2　本書の付録基板「トラ技AIセンサ・フュージョン」の回路図
電子工作用Linuxコンピュータ「ラズベリー・パイ」と組み合わせて動かす. 搭載部品一式を共立電子産業で購入できる

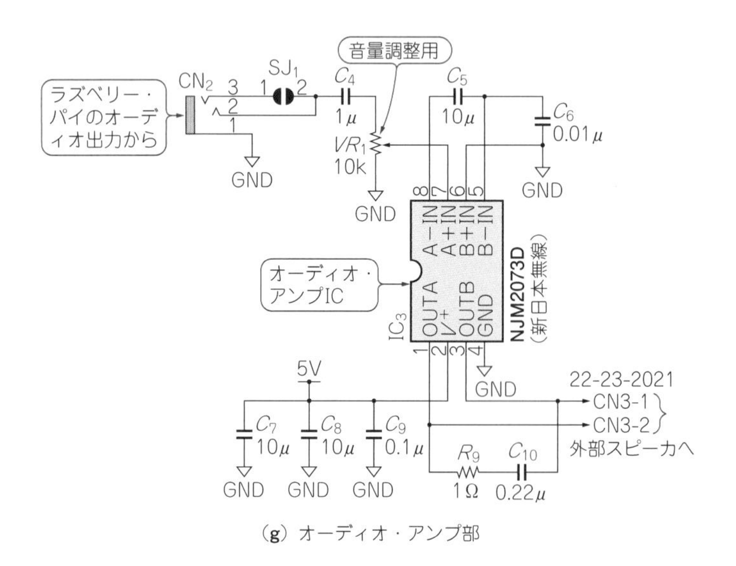

(g) オーディオ・アンプ部

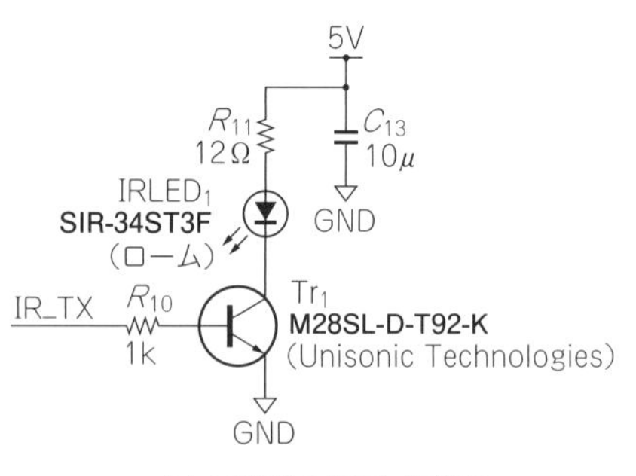

(h) 赤外線リモコン発光部

図2　本書の付録基板「トラ技AIセンサ・フュージョン」の回路図(続き)

第2話　段ボールや厚紙で自分の音作り

[作りながら学ぶ②] ペーパ・クラフト・スピーカ・ボックスの製作

スピーカ・ユニットは箱に入れないと低音が出ません．低音は波長が長く，コーンの裏側と表側の音波が打ち消し合うからです．そこで，**写真1**に示すように，スピーカ・ユニットを収める小さな箱を手作りしました．

スピーカ・ボックスは，紙を使って簡単に作ることができます．**図1**に示すのは，私が使ったスピーカ・ユニット（WAY50-1-8F32P-01，8Ω，最大出力0.5W，口径φ50mm）に合う実寸の型紙です．

この型紙を切り取り，厚さ1～1.5mmの紙にメンディング・テープで貼り付けてカッタで切り出します．糊はすぐにめくれるので，お勧めできません．カッタは，**写真3**のような刃先がシャープなアートナイフが使いやすいです．

写真2に示すように，スピーカ・ユニットは内側から2枚の「押

写真1　スピーカ・ユニットを入れる箱を作る
押さえ板2枚と合わせてB5判の厚紙から切り出せる

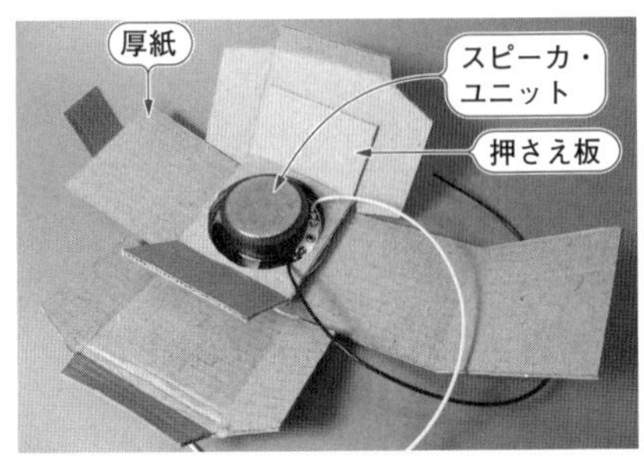

写真2　スピーカ・ユニットは2枚の押さえ板で固定する
20cm程度のリード線をユニットの端子にはんだ付けしておく．リード線の反対側は，箱の穴に通してからコネクタを付ける

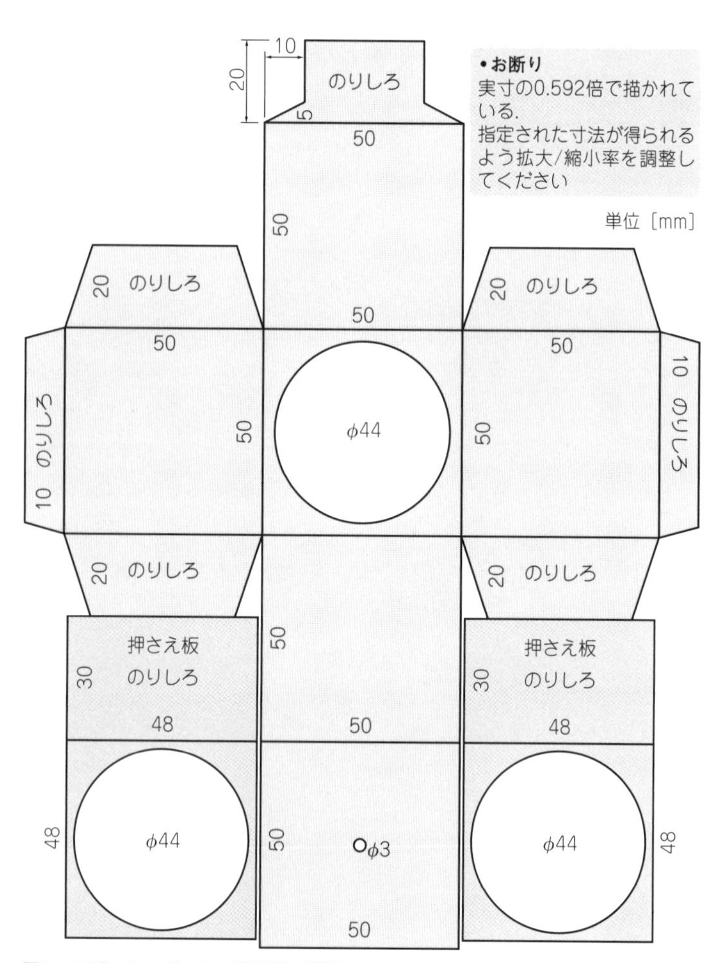

図1　スピーカ・ボックス製作用の型紙

厚紙をこの型紙通りに切って組み立てる．共立電子産業で頒布する部品セットには，スピーカ・ボックスが入っていないので手作りする

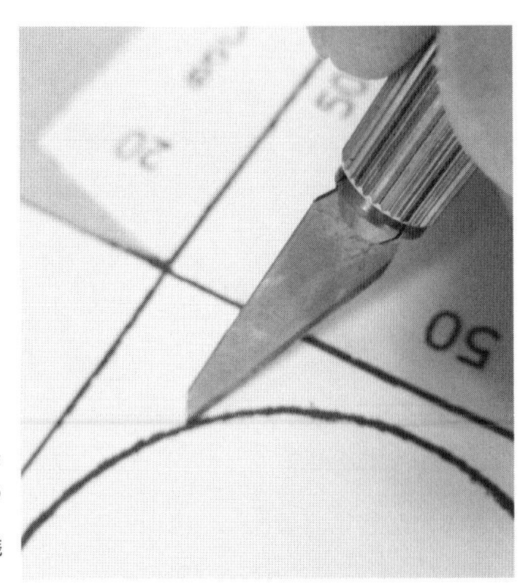

写真3　大きな丸穴はカッタの刃をずらしながら，何度も押しつけるようにする
折り曲げるところはカッタで浅く切れ目を入れておく

さえ板」を貼り付けて固定します．のりしろには両面テープを貼るか，紙用セメダインを塗布します．

厚紙を折りたたむときは，定規などを当てます．山折りの山側(**図1**の表側)にカッタで浅い切れ込みを入れるときれいに曲がります．スピーカ・ユニット用の丸穴は，円に沿って押し付けては離す作業を繰り返すときれいに切断できます(**写真3**)．一気にカッタを引いてはいけません，

ボックスの裏側には，ϕ3〜5mmくらいの穴を空けておき，組み立てる前に2本のスピーカ・ケーブルを通しておきます．スピーカには極性があり，−側に黒色，＋側に白色(または赤色)の電線をはんだ付けします．正の電圧を加えたときコーン紙が前方に動くほうが＋です．極性を合わせれば，複数のスピーカを並べたときに，音波の位相が揃って自然な音になります．

なお，共立電子産業で発売する付録基板製作用のパーツセットには，スピーカ・ボックスは含まれていません．

第3話　電子工作初めの一歩！ 抵抗器とコンデンサの取り付け

[付録基板の組立て①] 部品の挿入

● しっかり準備する

第2話～第4話では，初めて電子工作をする方を対象に，付録基板の組み立て方を解説します．基板をきれいに仕上げるこつは，次の2つの作業をていねいに行うことです．

- リード線の切断
- はんだ付け

図1に示す部品搭載指示図を参照しながら作業を進めてくださ

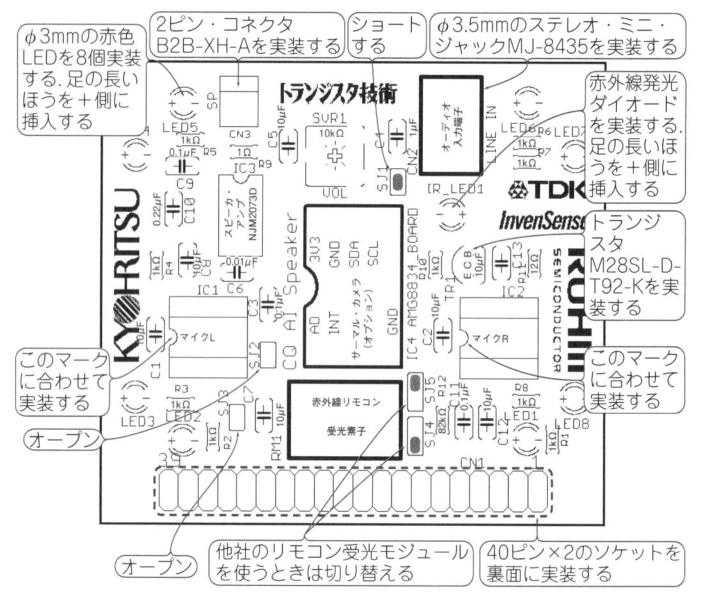

図1　付録基板に実装する部品の配置

い．

まず道具をそろえます．はんだごて，はんだ，ニッパは必須です．ピンセット，ラジオ・ペンチがあるとよりよいです(**写真1**)．

● 抵抗器から

まず抵抗器から基板に挿入します．**図2**に示すように，挿入するときは，部品表面の印字の向きと，基板のシルクの向きを合わせると，配線番号と定数が一度に確認できます．

リード線は人差し指の腹で根元から曲げます．**写真2**に示すように，リード線は根元までしっかり挿入します．次に基板を裏返して，リード線をしっかり曲げます．このとき，他の指で部品面の抵抗をしっかり押さえつけます．曲げるときは，指の腹をラン

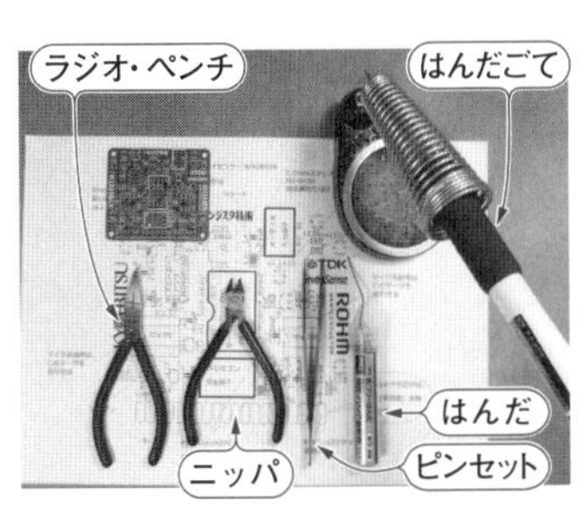

写真1 付録基板の組み立てに使う工具類

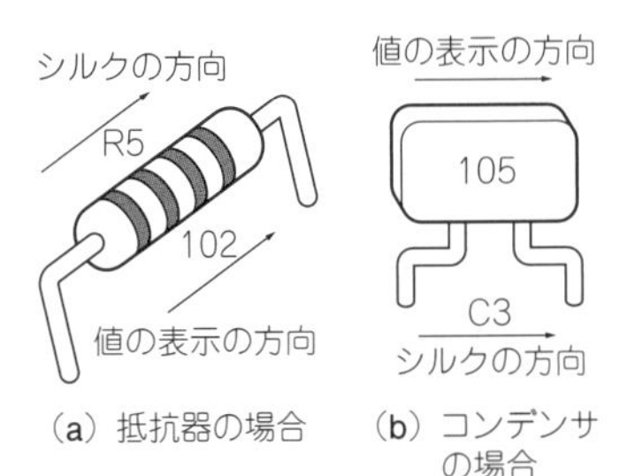

図2 シルク表示と部品の表示方向を揃えておくとあとで確認しやすい

(a) リードを根元から曲げる

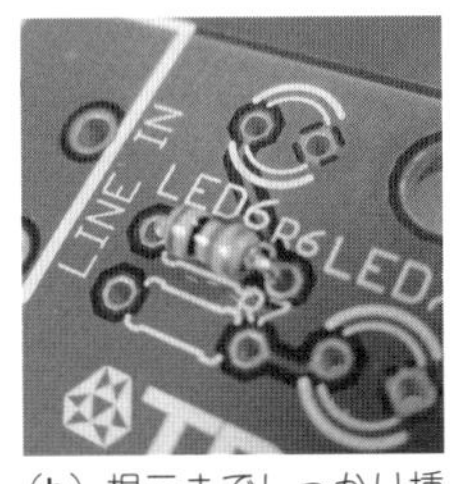

(b) 根元までしっかり挿入する

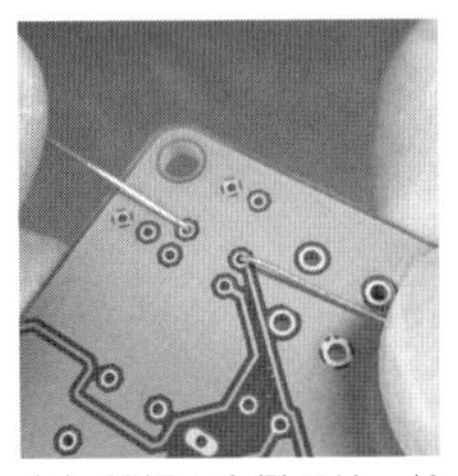

(c) 基板の裏側でリード線を直角に曲げる

写真2 抵抗を付録基板に挿入してリード線を曲げて固定する

(a) 90°近くまでしっかり曲げてからカットする

(b) カット位置はランドの外周付近

写真3　余分なリード線は切り落とす

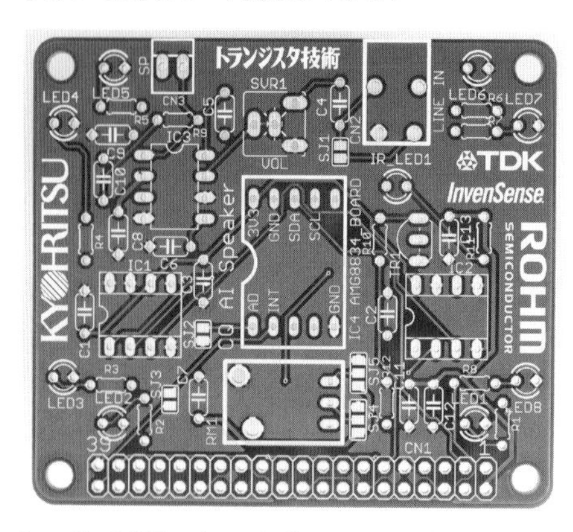

写真4
抵抗とコンデンサをすべて固定してからはんだづけ工程へ

ドに強く押し当てます．ランド周辺でリード線が基板から浮いていたら，さらに爪で押して基板に密着させます．足を折り曲げて固定することをクリンチ(clinch)と言います．クリンチにより，基板を裏返しにしても部品が抜けないので，はんだ付け作業に専念できます．

次に，ニッパでリード線をカットします(**写真3**)．カットする位置は，ランドの最外周(レジスト円)あたりが適当です．長すぎると他のリード線とショートします．短すぎると部品が落ちます．抵抗器に続いて，同様の方法でコンデンサを実装します．

第4話　部品と基板をがっちり電気接合する

[付録基板の組立て②] はんだ付け

第3話に続けて，付録基板を組立てていきます．ここでは，電子部品をプリント基板にはんだで電気的に接合します．φ0.8 mmの糸はんだがよいでしょう．はんだ付けは，始めたら一気に最後までやりきるのがこつです．

● [STEP1] 抵抗とコンデンサ

写真1に示すように，リード線と銅箔の両方にこて先を当てます．数秒間温めたら，左手で糸はんだをこて先に押し当てます．はんだが溶け出しますが，2～3秒間そのままにしてからこて先を離します．

● [STEP2] はんだジャンパ

写真2に示すように，はんだジャンパ(SJ_1，SJ_4，SJ_5)をはんだ付けします．ショートするランドにはんだを多めに盛って，糸はんだを溶かし込みながら2つのランド間をブリッジさせます．

赤外線リモコン受光モジュールの種類によって接続を変えます(**図1**)．使用したのは，PIC-A18143TC5(コーデンシ，$\lambda = 940$ nm，38 kHz)です．

● [STEP3] 赤色LED

LEDはφ3 mmの赤色を使いました．**写真3**に示すように，

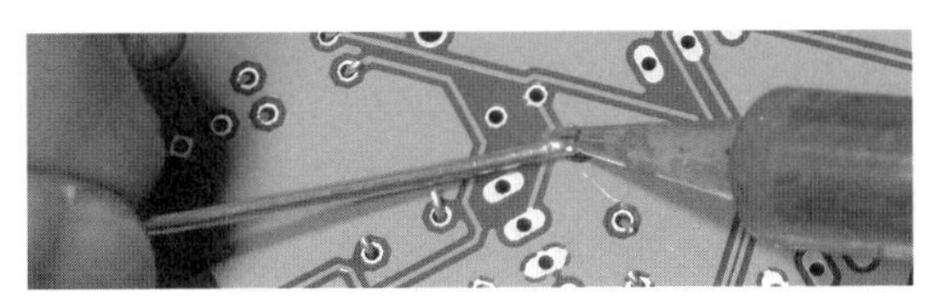

写真1　抵抗とコンデンサのはんだ付け
基板を固定して，両手が使えるようにするといい

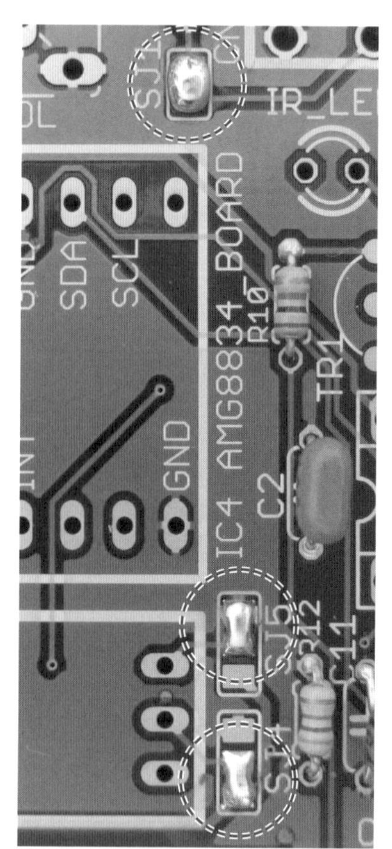

写真2　はんだジャンパは3カ所
SJ_2，SJ_3は解放のままにしておく

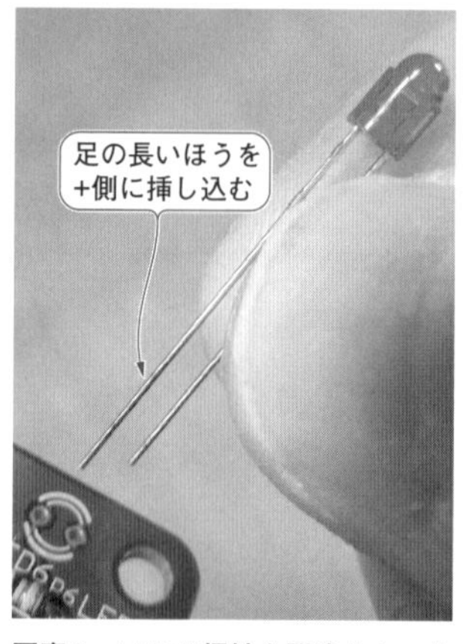

写真3　LEDは極性を間違えないように挿入する
赤色を8個，順番に取り付ける

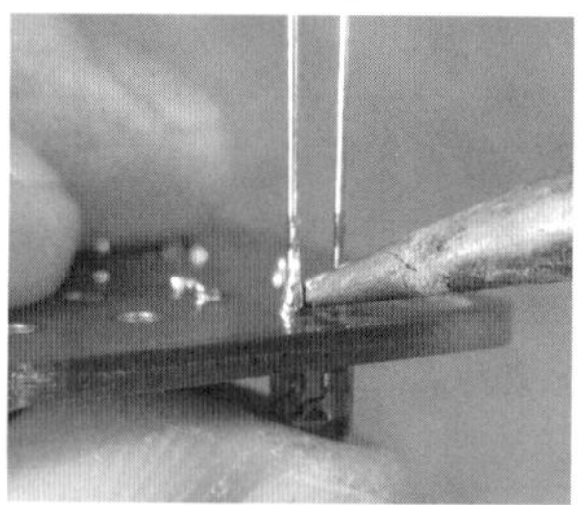

写真4　LEDは片方の足だけはんだ付けした状態で垂直になるように調整する
調整後，もう一方の足も忘れずにはんだ付けする

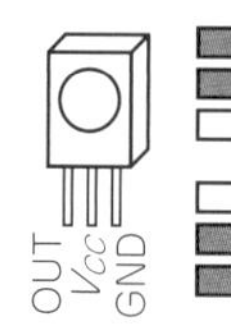

(a) タイプⅠ
PIC-A18143TC5
(コーデンシ)

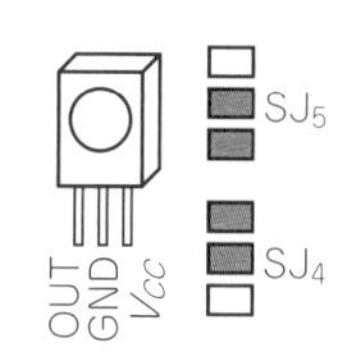

(b) タイプⅡ
RSIP-A3
(ローム)

図1　はんだジャンパSJ_4，SJ_5は使用するリモコン受光モジュールの品種に合わせて変更する
本書ではタイプⅠを使用

LEDの長いほうの足を左側にして挿し込みます．はんだはLEDの＋側から付けます．**写真4**に示すように，はんだを溶かしながらLEDの頭を指で押します．リード線が基板に垂直になるように傾きを調整しながら押し込んでいきます．

位置が決まったら－側をはんだ付けします．－側はサーマル・ランドなので，熱がベタ・グラウンドに逃げてなかなかはんだが乗りません．鉛フリーはんだはなおさらです．こて先を十分長い時間，押しあててよく溶かします．

● [STEP4] 赤外線リモコン送光LED

写真5の向きに取り付けてはんだ付けします．

● [STEP5] トランジスタ，ボリューム，コネクタ

トランジスタ(Tr_1)は，基板から5 mmほど浮かせて取り付けます．ボリューム(VR_1)とコネクタ(CN_3)を取り付けます．コネクタは，作業台の上にはんだ入りケースを固定し，左手の指でコネクタを押さえつけて，片方のピンをはんだ付けして固定します(**写真6**)．

● [STEP6] 赤外線リモコン受光モジュール

写真7に示すように，シールド・ケースを穴にしっかり押し込

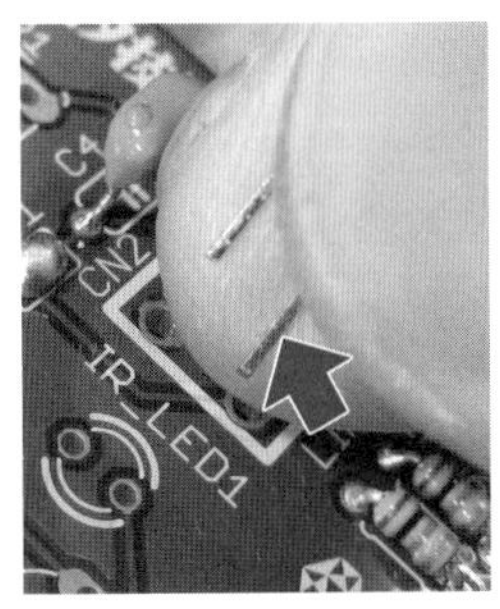

写真5　赤外発光ダイオードは長いほうの足を右にして挿し込む
LEDとは左右逆なので慎重に挿入する

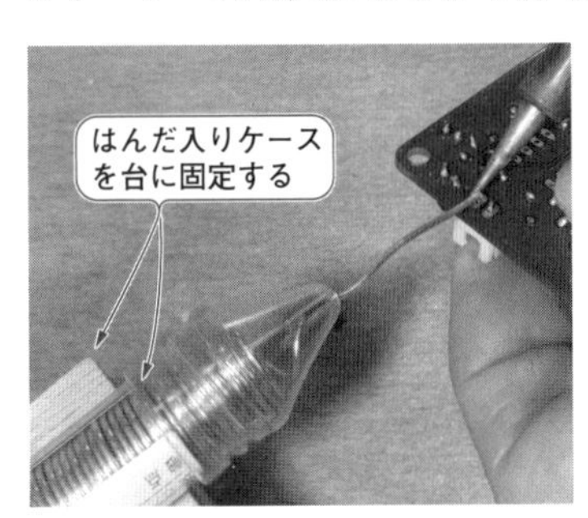

写真6　コネクタは手を離すとすぐに抜け落ちるので，両手を使ってはんだ付けできるよう準備する
はんだを固定すれば，コネクタの固定に手を使える

写真7　赤外線リモコン受信モジュールはこれ以上入らないと感じるまでしっかりと押し込む

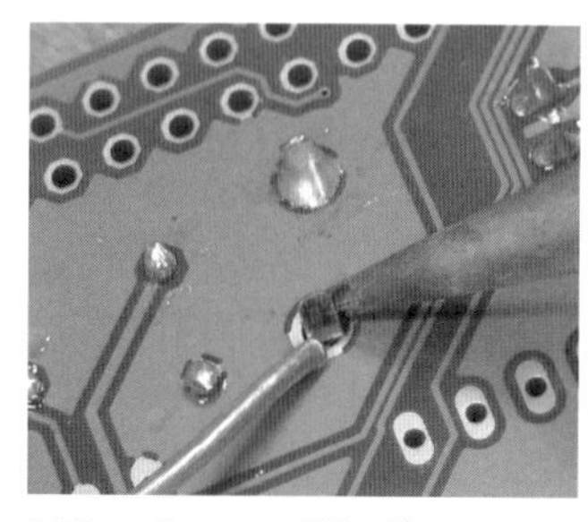
写真8　リモコン受信モジュールのシールド・ケースは熱容量が大きくなかなか温まらないので，こて先の胴体を押し当ててはんだ付けする

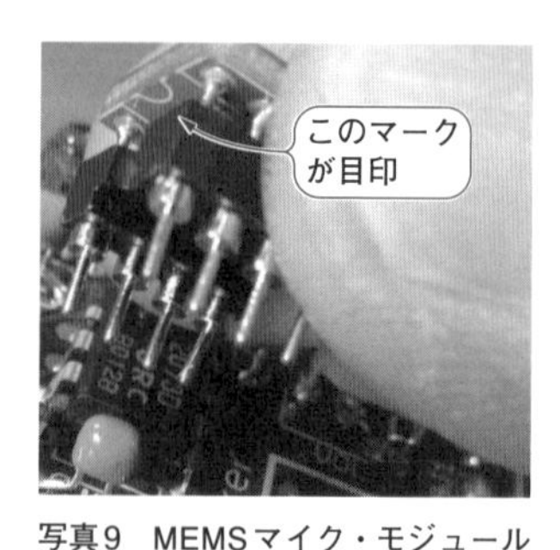

写真9　MEMSマイク・モジュールの取り付け向きもしっかり確認する
モジュールの半円マークと付録基板の半円マークを合わせる

写真10　40ピン・ソケットは基板の裏側から取り付ける

みます．

ケースと基板の間のすき間がないことを確認したら，基板を裏返してはんだ付けします．シールド・ケースは熱容量が大きいので，小容量のはんだごてでは，はんだが溶けません．溶けても，こてを離したとたんに固まり，接続の不安定ないもはんだになります．

写真8に示すように，熱容量の大きいこて先の胴体部を押し当てて，熱をしっかり伝えます．モジュールは少々のことでは壊れ

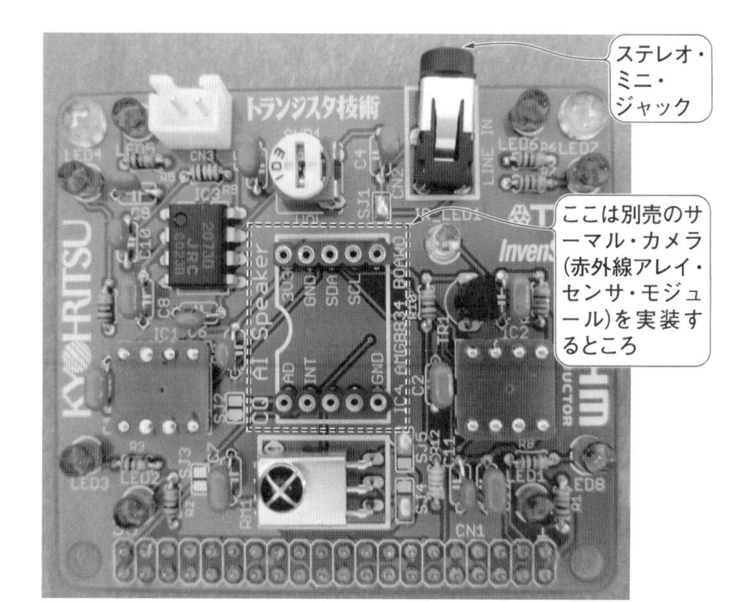

写真11　全部品の実装を終えた状態

ないので，時間をかけて加熱して，はんだをよく溶かしてください．

●［STEP7］MEMSマイク

MEMSマイク・モジュールの裏面には，ICの1ピン方向を示す半円マークのシルクがあります(**写真9**)．基板の半円のシルクに合わせて挿入してください．

●［STEP8］40ピン・ソケット

写真10に示すように，基板の裏側に取り付けます．スルーホールに入り込んだはんだを吸い取ることは難しいので，やりなおしは難しいです．

●［STEP9］ステレオ・ミニ・ジャック

最後に，オーディオ・ジャックをはんだ付けして完成です(**写真11**)．

第5話 リモコン送受光, LED点灯, オーディオ再生…1つ1つ確実に

[付録基板の組立て③] 動作テスト

● [テスト1] 短絡と導通

電源端子がグラウンドとショートしていると，大切なラズベリー・パイが損傷します．

図1に，付録基板を部品面(シルク側)から見たときの，40ピン・コネクタ(CN_1)のピン配置と信号の行き先を示します．ブザー音が鳴るテスタの導通確認機能を利用して，**図1**の3V3端子や5V端子とグラウンド間がショートしていないかチェックします．ショートしていたら，はんだブリッジがないか確認します．

行き先	信号	ピン	ピン	信号	行き先
	3V3	1	2	5V	
SDA(I^2C)←	GPIO2	3	4	5V	
SCL(I^2C)←	GPIO3	5	6	GND	
IR_RX←(リモコン受光モジュールへ)	GPIO4	7	8	GPIO14	
	GND	9	10	GPIO15	
IR_TX←(リモコン送光LEDへ)	GPIO17	11	12	GPIO18	→BCK(I^2S)
	GPIO27	13	14	GND	
LED_4←	GPIO22	15	16	GPIO23	→LED_5
	3V3	17	18	GPIO24	→LED_6
	GPIO10	19	20	GND	
	GPIO9	21	22	GPIO25	→LED_7
	GPIO11	23	24	GPIO8	
	GND	25	26	GPIO7	
	ID_SD	27	28	ID_SC	
	GPIO5	29	30	GND	
	GPIO6	31	32	GPIO12	→LED_1
LED_2←	GPIO13	33	34	GND	
LRCK(I^2S)←	GPIO19	35	36	GPIO16	→LED_3
LED_8←	GPIO26	37	38	GPIO20	→DIN(I^2S)
	GND	39	40	GPIO21	

図1 [動作テストその①] 付録基板の40ピン・コネクタ(CN_1)のピン配置

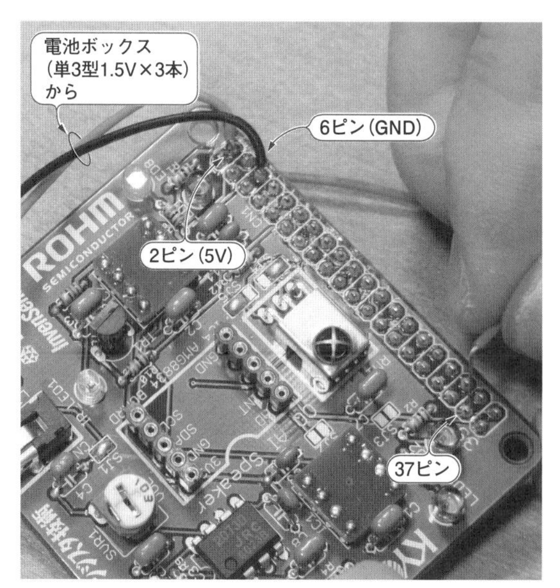

写真1　[動作テストその②] 電池から電源を加えてLEDの点灯を確認する．最初はLEDの点灯チェック

電源はCN_1の2ピン(+5V)と6ピン(グラウンド)の間に接続する．LEDに繋がっているピン(32, 33, 36, 15, 16, 18, 22, 37)を2ピン(+5V)に接続して点灯を確認する

電源ラインがショートしていなかったら，付録基板(トラ技AIセンサ・フュージョン)をラズベリー・パイとドッキングします．以下の要領で各部品もチェックします．

● [テスト2] LEDの点灯

写真1に示すように，+5V出力の直流安定化電源の出力，または1.5V乾電池3個(4.5V)を2ピン(5V端子)と6ピン(グラウンド)に接続します．

約10cmのビニル線を使って，**図1**のLED_1～LED_8のピン(32, 33, 36, 15, 16, 18, 22, 37)を1つずつ+5Vに接続します．対応するLEDが点灯することを確認します．点灯しなければLEDの逆挿入を疑います．

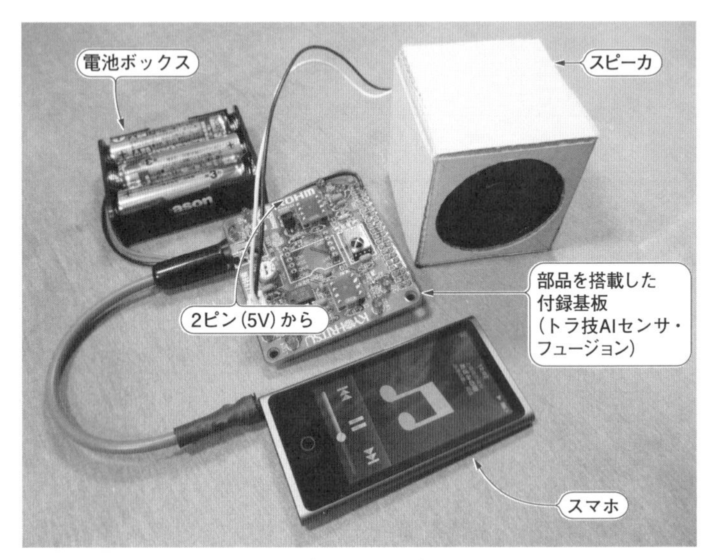

写真2 ［動作テストその③］オーディオ・アンプの出力テスト
ボリューム VR_1 は中央にしておく．スピーカを CN_3 に接続する．MP3プレーヤなどの音源をオーディオ・ジャックに接続して，スピーカから音が出ることを確認する

● ［テスト3］オーディオ・アンプの出力

写真2に示すように，スピーカ端子(CN_3)にスピーカを接続します．ボリュームの位置は中央にセットします．ϕ3.5mmのオーディオ・ジャックに，MP3プレーヤなどを接続して，音が出るかどうか確認してください．音源がないときは，テスタのレンジを［Ω］に切り換えて，リードの一方をグラウンド，他方をライン入力端子かはんだジャンパ(SJ_1)に当てます．クリック音が聞こえたらOKです．

● ［テスト4］赤外線リモコン送光LEDの発光

CN_1 の11ピン(IR_TX)に4.7kΩくらいの抵抗を通して5V端子につなぎ，LEDをONします．長時間ONしたままにすると，トランジスタ(Tr_1)が発熱して壊れます．

写真3　[動作テストその④]赤外線リモコン送光LEDの光は目に見えないけれど，カメラを使えば捕らえられる
4.7kΩくらいの抵抗を通して11ピン(IR−TX)を2ピン(+5V)に接続して点灯を確認する

リモコン送光LEDから発せられる赤外線は，肉眼では見えませんが，**写真3**に示すように，スマホのカメラで写すと発光を確認できます．発光していないときは，Tr_1周辺の回路に未はんだやはんだブリッジがないか確認してください．

● [テスト5] **赤外線リモコン受光モジュールの動作**

オシロスコープのプローブをCN_1の7ピン(IR_RX)に当てて，赤外線リモコンのボタンを押します．回路が正常なら，受信パルス波形を観測できます．

オシロスコープがないときは，**図2**の回路をブレッドボードに組んで付録基板に接続します．赤外線リモコンのボタンを押して，**図2**のLEDの点滅を**写真4**の方法で観測します．LEDに変化がないときは，モジュールのV_{CC}端子の電圧(+5V)やはんだジャンパ(SJ_4，SJ_5)の接続が正しいどうか確認します．

● [テスト6] **マイク回路とサーマル・カメラの動作**

マイク(IC_1とIC_2)の動作は，ラズベリー・パイ接続後に確認します．ここでは，IC_1とIC_2のV_{CC}(3.3V)，DIN，BCK，LRCK端子とCN_1各端子との導通があるかどうかを確認します．サーマル・カメラも同様です．

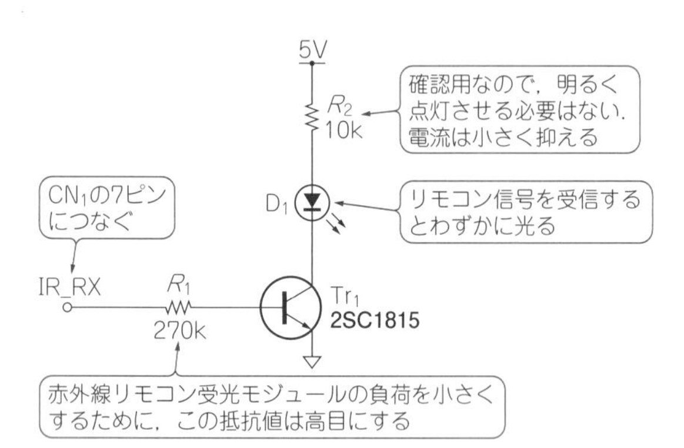

図2　[動作テストその⑤] オシロスコープをもっていないときは，このテスト回路を作って赤外線リモコン受信モジュール動作をチェックする

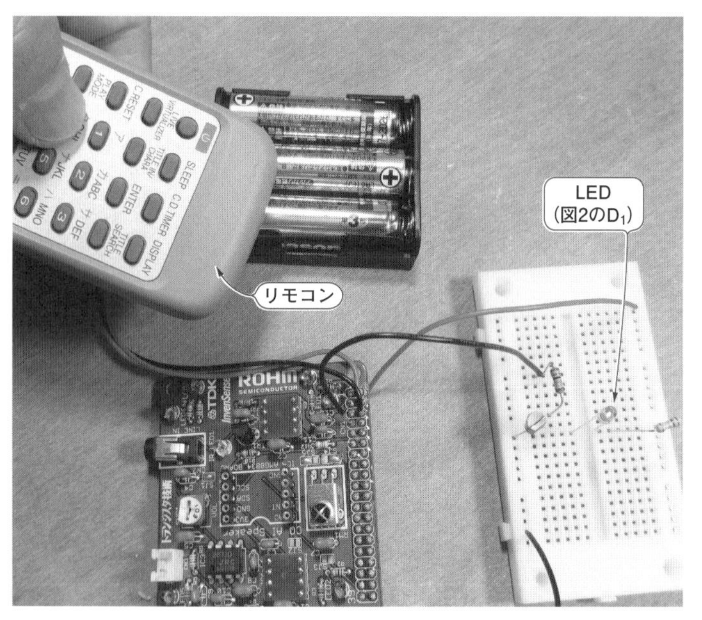

写真4　赤外線リモコン受信モジュールの動作テストのようす

第6話 聖徳太子もビックリ！ AIスピーカはなんでも聞いている

[IoTミニ知識①] マイクロ人工耳「MEMSマイク」

（a）シールド・ケース面 （b）はんだ面

写真1 微細加工技術(MEMS)で半導体に音波の検出機構を作り込まれているワンチップ・マイクICS-43432(TDK)
A-Dコンバータも内蔵しI^2Sフォーマットでオーディオ信号を出力する

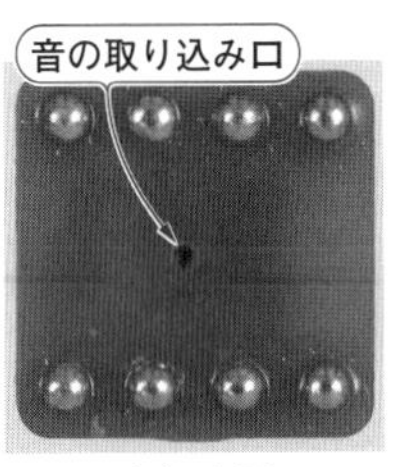

（a）裏面 （b）表面

写真2 MEMSマイク・モジュールの外観
MEMSマイクICは基板の裏面に実装されている

第1話で紹介したように，本書の付録基板(トラ技AIセンサ・フュージョン)には，半導体マイクIC ICS-43432(TDK, **写真1**)を実装した基板(**写真2**)を2個搭載できます．このICは，回路だけでなくセンサも半導体で作り込まれたMEMS(メムス，Micro Electro Mechanical Systems)と呼ばれる最新デバイスです．

マイクを2個搭載する理由は，音声の認識率が上がるからです．市販のスマート・スピーカは4～8個のMEMSマイクが，360°全方向に配置されています．音源からマイクまでの音波の到達時間の差分を検出して，遅れている側のチャネルの音波を遅延させて一致させ加算し強調することで，ノイズと音声を分離します．この技術を「ビーム・フォーミング」といいます(第12話参照)．ここでは，MEMSマイクのしくみを紹介します．

〈編集部〉

● センサやアクチュエータと回路が一体化した半導体「MEMS」

MEMSは，機械のような可動部を半導体で作り込んだデバイスのことです．直訳すると，超微細電子機械素子となりますが，かえってわかりにくいですね．

音波だけでなく，加速度や圧力を検出するタイプも市販されています．センサのような入力デバイスだけでなく，出力デバイスもあります．半導体上に可動ミラーを作り込んだMEMS「DLP（Digital Light Processing）」は，プロジェクタに使われています．

● MEMSマイクは雑音に強い

半導体プロセスで作れることから，プリント基板に自動マウントできるデバイスを作れます．

検出部がとても小さいので，振動や衝撃，風や息遣いなどを拾いにくいです．従来のコンデンサ・マイクは，風切り音などの環境ノイズを減らすために，検出部を分離してゴムなどのクッション剤をはさみ込んでいました．

● 薄い半導体で音波を検出

図1にMEMSマイクの内部構造を示します．半導体でできた音波センサとインターフェースICが搭載されています．

写真1(b)に示すように，裏面にある円形の穴から音波を取り込みます．**写真2**に示すように，基板の表側に音の取り込み口が開けてあります．

図2に音波を検出するセンサ部の構造を示します．電極Aに繋がる穴の空いた固定板（バック・プレート），電極Bに繋がる薄膜（ダイヤフラム），それらを支持する台でできています．上側から音波が入ってダイヤフラムが振動すると，電極A－B間の容量が変化します．電極A－B間に直流電圧を加えておくと，その容量の変化を電荷の変化で取り出すことができます．ダイヤフラムの

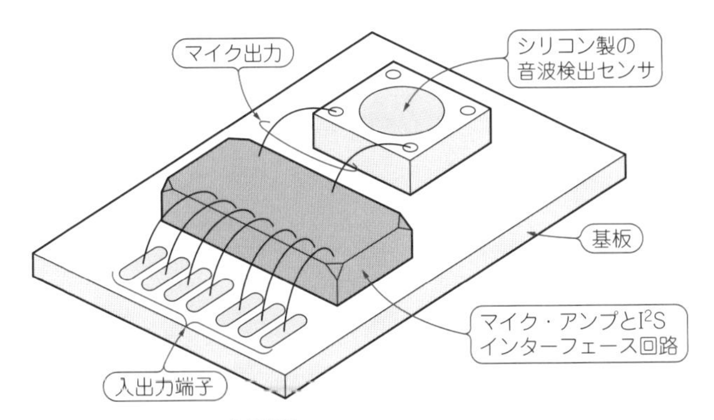

図1　MEMSマイクの内部構造
音波センサとインターフェースICが搭載されている

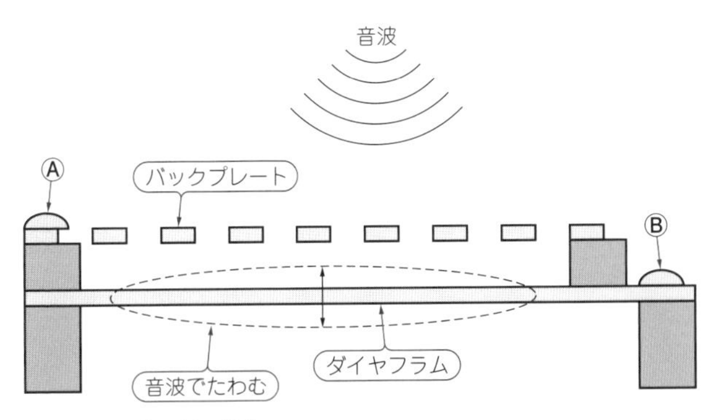

図2　音波の検出部の構造
原理はコンデンサ・マイクと同じ

直径は数百μmと小さいので，直流電圧は数十Vの高圧が必要です．この電圧はインターフェースIC内部のチャージ・ポンプ電源で作られます．

◆参考文献◆

(1) デザインウェーブ・マガジン編集部編；MEMS開発＆活用スタートアップ，2004，CQ出版社．

第7話 A-D/D-Aからマイクまで，音声データ通信の定番規格

[IoTミニ知識②] ディジタル・オーディオ標準インターフェースI^2S

● フィリップスが策定したオーディオ専用の3線式インターフェース

I^2S(Inter-IC Sound)は，フィリップス(現，NXPセミコンダクターズ)が提唱したディジタル・オーディオ専用の標準インターフェース規格です．多くのオーディオ用A-DコンバータやD-Aコンバータ，マイクICが採用しています．

図1に示すように，I^2Sは3線式のシリアル・バスです．次に示す3本の信号線を使います．

(1) RチャネルとLチャネルの2つの時分割データ．信号名はDIN

(2) RチャネルとLチャネルの識別信号(ワード・セレクト)．信号名はLRCK

(3) クロック．信号名はBCK

データ(DIN)は，LRCKの変化点から1クロック遅れて出力されます．

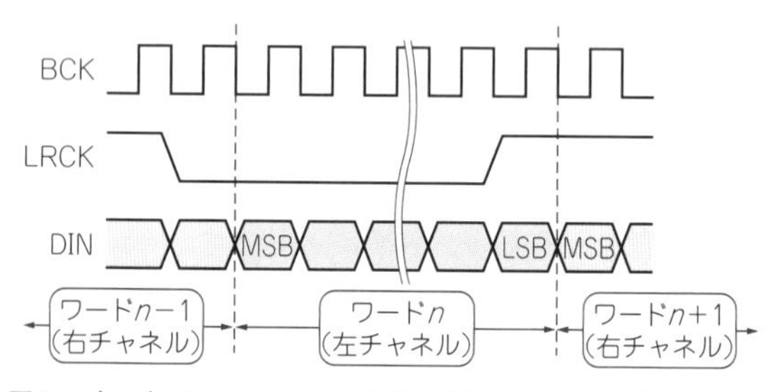

図1　ディジタル・オーディオ通信のデファクト・スタンダード"I^2S"の信号タイミング
ステレオ(2チャネル)の信号がMSBファーストで送られる

データは2の補数で，先頭はMSB(MSBファースト)です．重要なデータから優先的に受信できるので，ワード長のわからないデータが送られてきても，受信側の都合で，十分な精度が得られた時点で取り込みをやめ，あとは0の連続にしたりできます．2の補数とは，2進数のデータのビットを反転させて1を加えた数で，2進数の負の数を表現するために利用します．

図2に示すように，電圧レベルの規定は従来のTTLレベルと同じです．送信側と受信側のいずれもマスタ(クロックを出す側)になれる仕様です．

● MEMSマイク ICS-43432が出力するI^2Sデータ

付録基板に搭載するMEMSマイクICS-43432(TDK)は，クロック(BCKとLRCK)の供給を受けるスレーブ動作をします．ラズベリー・パイはクロックを供給するマスタです．

図3(a)にクロック(BCK)のタイミング仕様を示します．最大クロック周波数は3.379 MHzです．LRCK(WS：ワード・セレクト)の周波数は，7.19 k～52.8 kHzと定められています．これは，サンプリング・レート(f_S)に相当します．

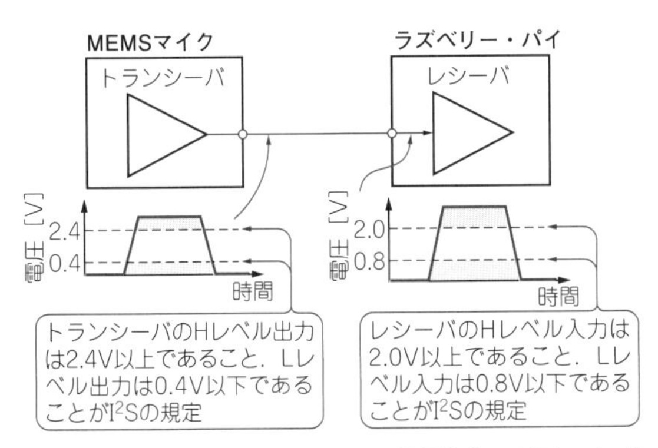

図2　ディジタル・オーディオ用IC間通信規格I^2Sの電圧レベル規定(TTLの規格と同じ)

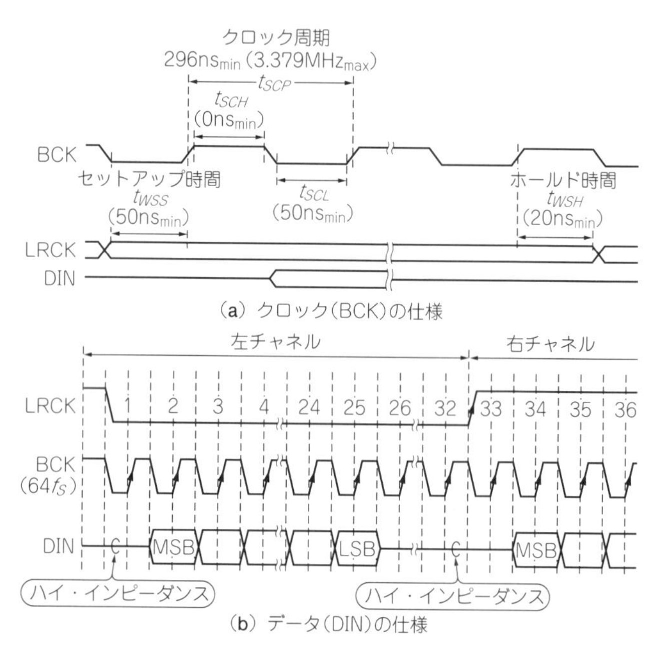

図3　付録基板に搭載するMEMSマイク(ICS-43432)のI²S通信データ

図3(b)にデータ(DIN)のタイミングを示します．クロック(BCK)は64 f_Sです．LチャネルとRチャネルの各データ(DIN)は32ビット長で，うち24ビットが実データです．MSBファーストなので，頭から24ビットにデータがあります．**図3(b)**はステレオのときのタイミグ図です．モノラルのときは片チャネルがハイ・インピーダンスになります．

● 実際の波形

図4に示すのは，付録基板に搭載したMEMSマイクのI²Sインターフェースの通信波形です．

LチャネルとRチャネルの各期間に16ビットのデータが送られています．Lチャネル期間が+32631，Rチャネル期間が+32621

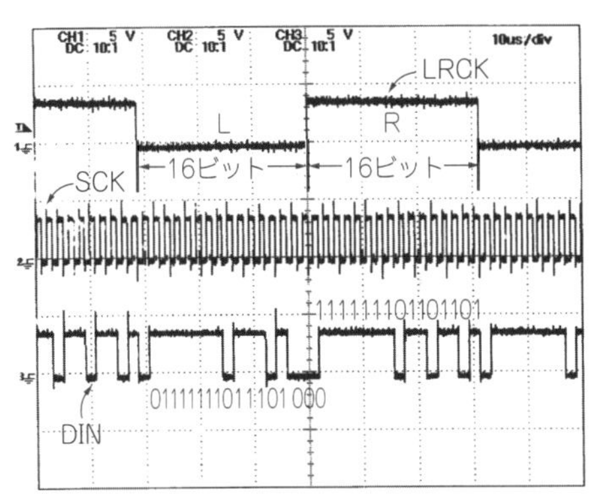

図4　MEMSマイクICS-43432が出力するディジタル・オーディオ信号(I²Sフォーマット)

と読み取れます．値が同じになる理由は，ステレオ録音だからです．データは2の補数なので，ビット列の先頭の0は正の値です．

この波形は，ラズベリー・パイのコンソールから次のコマンドを実行して観測しました．

```
arecord␣-format=S16LE␣-rate=16000
-file-type=raw␣out.raw
```

-format=S16LEは，保存するときのフォーマット指定です．S16LEは，符号付き(Signed)，16ビット(16)，リトル・エンディアン(LE)という意味です．rate＝16000はサンプリング・レート(rate)が16000 Hzであるという意味です．データをraw形式でout.rawという名前のファイルに保存します．DINは，MSBファースト＆LSBラストの切れ目のないデータ列です．リトル・エンディアンへの変更処理はファイルに記録するときに実行されます．

◆参考文献◆

(1) I²S bus specification, Philips Semiconductors, Jun 5, 1996.
(2) ICS43432 Low-Noise Microphone with I²S Digital Output, DS-000038, Invensense Inc., 2016.4.

第8話 大人気! クラウドとつないでくれるWi-Fi搭載Linuxミニ・パソコン

[ラズベリー・パイの準備①] 基本セットアップ

写真1 トラ技AIセンサ・フュージョン(部品実装済み付録基板)とラズベリー・パイを組み合わせてAIスピーカを作る
電源, スピーカ, HDMIモニタ, キーボード, マウスを接続してOSのインストールから始める

第1話～第7話で付録基板の作り方を説明しました. 第8話からはラズベリー・パイのソフトウェアを開発し, トラ技AIスピーカを動かします. 作業はWi-Fi環境下で行います.

● キーボード, マウス, トラ技AIセンサ・フュージョンをつなぐ

付録基板に部品を実装してトラ技AIセンサ・フュージョンが完成したら, ラズベリー・パイ(私は3Bを使った)のGPIO拡張コネクタに接続します. さらにスピーカ, 電源, HDMIモニタ,

USBキーボード，USBマウスをつなぎます(**写真1**)．

後述のSSH接続をすれば(第11話)，ディスプレイ，キーボード，マウスがなくても，ネットワークで接続された別のパソコン(リモート・デスクトップ)でも，トラ技AIスピーカを操作できます．

● OSをインストールして初期設定する

次の手順で，OS(Raspbian)をインストールします．

(1) パソコン(Windows10)で，SD Card Formatterをインストールし，マイクロSDカード(16Gバイト以上)を初期化する

(2) NOOBS for Raspberry Piをダウンロードし解凍して，中味をすべてSDカードにコピーする

(3) ラズベリー・パイのHDMI端子にモニタを，USB端子にキーボードとマウスを接続する

(4) 上記のSDカードをラズベリー・パイに挿入したら，マイクロBタイプのUSBコードで電源(5V，2A以上)につなぐ

(5) 最初の設定では，Raspbian Fullを選択する．画面下にある，言語の設定は日本語，キーボードはjpにする．メニュー・バーの［インストール］を選択するとOSのインストールが始まる

(6) Xwindowが立ち上がったら，Wi-Fiまたは有線LANでネットワークに接続する．あとはガイドにしたがって操作を行う．Wi-Fi CountryはJPを選ぶ

● ラズベリー・パイから音が出るようにする

Xwindow左上のラズベリー・パイのシンボル・マークをクリックします．

［設定］－［Audio Device Settings］－［サウンド・カード］と進んで，サウンド・カードがbcm2835 ALSA(Alsa mixer)となっていることを確認して，[OK]をクリックします．

［アクセサリ］－［LX Terminal］と選んで次のように入力しま

す.

```
sudo␣raspi-config↵
```

メニューから［7.Advanced Options］−［A4 Audio］−［Force 3.5mm（'headphone'）jack］を選び，右矢印キーで［了解］を反転させます．リターン・キーを押して，［Finish］で終了します．

次のように入力すると，ラズベリー・パイのオーディオ出力から「Front, Left, Front, Left…」と音声が出ます．音声はCtrl-Cで停止します．

```
speaker-test␣-t␣wav↵
```

● センサ・フュージョン基板から音が出るようにする

いったん電源を切って，ラズベリー・パイにトラ技AIセンサ・フュージョン基板を装着します．

ラズベリー・パイのオーディオ出力とトラ技AIセンサ・フュージョン基板（付録基板の完成品）のオーディオ入力をミニ・オーディオ・ケーブルで接続します．同じように次のコマンドを入力して，接続したスピーカから音声が出ることを確認します．

```
speaker-test␣-t␣wav↵
```

-tは出力する音の種類を示しています．pinkならピンク・ノイズ，sineなら正弦波，wavならWAVファイルの音声です．音量はボリューム（VR_1）で増減できます．

本書に付属した基板は月刊『トランジスタ技術』2018年3月号付属基板と同一品です．

第9話

SoC BCM2387内のI^2S通信回路を
アクティブにしてカーネルとつなぐ

[ラズベリー・パイの準備②]
MEMSマイクとの通信

Raspbian OSは，I^2CやSPI(Serial Peripheral Interface)のドライバを標準で備えていますが，I^2Sのドライバは自分で組み込まなければなりません．

本稿では，MEMSマイクから送られてくるI^2Sフォーマットの音声データを，ラズベリー・パイで受信できるようにセットアップします．

トラ技AIセンサ・フュージョン上のMEMSマイクとラズベリー・パイの通信を確立するためには，まずSoC BCM2387内のI^2Sインターフェース回路をアクティブにします．さらに，このI^2Sインターフェース回路と，サウンド処理ソフトウェアをつなぐデバイス・ドライバ(ASoCプラットフォーム・ドライバ)を組み込みます．

① SoC BCM2387のサウンド回路をアクティブにする

ラズベリー・パイ上のSoC BCM2387内のサウンド回路をアクティブにします．

▶ BCM2387の内部回路の設定ファイルを書き換える

LXTerminalで次のように入力し/boot/config.txtを開きます．

```
sudo␣nano␣/boot/config.txt↵
```

nanoエディタが立ち上がり，**図1**に示すように設定(コンフィグレーション)ファイルであるconfig.txtの内容が表示されます．

#dtparam=i2s=onと書かれた行を探します．文頭の#を除去して有効にします．これでI^2S通信機能が使えるようになります．nanoエディタの使い方は，p.113を参照してください

```
GNU nano 2.7.4                    ファイル: /boot/config.txt

#uncomment to overclock the arm. 700 MHz is the default.
#arm_freq=800

# Uncomment some or all of these to enable the…
dtparam=i2c_arm=on
dtparam=i2s=on
#dtparam=spi=on

# Uncomment this to enable the lirc-rpi module
#dtoverlay=lirc-rpi,gpio_in_pin=4,gpio_out_pin=17

# Additional overlays and parameters are documented…

# Enable audio (loads snd_bcm2835)
dtparam=audio=on
```


図1　configファイルを書き換えてラズベリー・パイのSoCに内蔵されたI^2S機能を有効にする
ハードウェアの機能に関する設定ファイルを修正

▶PWMオーディオ出力を有効にする

オンボード・サウンド・デバイス(PWMオーディオ出力)も有効にします．次のように入力してmoduleファイルをnanoエディタで開きます．i2c-devという行の下にsnd-bcm2835を追加します(**図2**)．

```
sudo␣nano␣/etc/modules↵
```

▶再起動して変更を反映する

次のように入力してリブートすると，コンフィグレーション・ファイルの変更が反映されます．

```
sudo␣reboot↵
```

LX Terminalで次のように入力して，システムに組み込まれているモジュールの一覧を表示します．

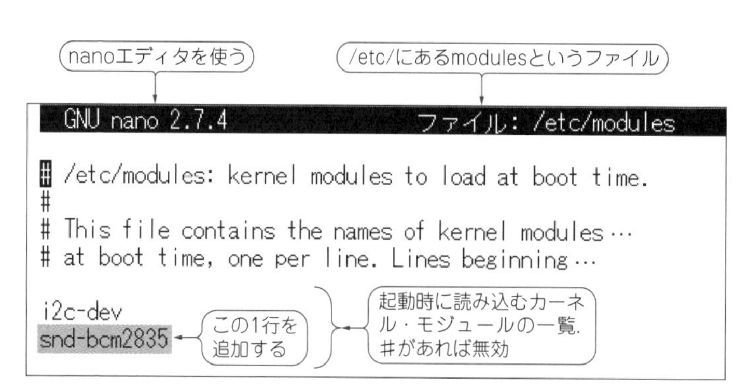

図2　moduleファイルを書き換えてオンボード・サウンド出力を有効にする
PWM回路をオーディオ用回路があるように見せかけるプログラム(モジュール)を組み込む

```
pi@raspberrypi:~ $ sudo nano /boot/config.txt
pi@raspberrypi:~ $ sudo nano /etc/modules
pi@raspberrypi:~ $ lsmod | grep snd
snd_soc_bcm2835_i2s       7480  0
snd_soc_core            180471  1 snd_soc_bcm2835_i2s
snd_compress             10384  1 snd_soc_core
snd_pcm_dmaengine         5894  1 snd_soc_core
snd_bcm2835              24427  1
snd_pcm                  98501  4 snd_pcm_dmaengine,…
5,snd_soc_core
snd_timer                23968  1 snd_pcm
snd                      70032  7 snd_compress,snd_…
snd_pcm
pi@raspberrypi:~ $
```

このように入力する

bcm2835とbcm2835_i2sがあればOK

図3　I²SインターフェースとPWMオーディオ出力の2つのモジュールが有効になったことを確認する
組み込まれたモジュール一覧を表示するlsmodコマンドの出力から，サウンド関連を意味するsndが入ったモジュール名だけをgrepコマンドで抜き出す

```
lsmod␣|␣grep␣snd↵
```

一覧に次の2行が表示されていれば，I²Sインターフェース回路とPWMオーディオ出力はアクティブになっています(**図3**).

```
snd_soc_bcm2835_i2s
snd_bcm2835
```

② Raspbian OSのカーネルを最新版にアップデート

次のように入力します．

```
sudo␣apt-get␣update↵
```

エラーがあるときは再度実行します

```
sudo␣apt-get␣install␣rpi-update↵
sudo␣rpi-update↵
```

アップデートには十数分かかることがあります．途中の質問はリターン・キー↵を押します．終了したらリブートします．

```
sudo␣reboot↵
```

次のように入力して，端末制御ライブラリなども再インストールします．

```
sudo␣apt-get␣install␣git␣bc␣libncurses5-dev␣bison
␣flex␣libssl-dev
```

③ デバイス・ドライバを組み込むためにはカーネルのソースコードが要る

カーネルのソースコードを取り出すスクリプトをダウンロードして使えるようにします．

```
sudo␣wget␣https://raw.githubusercontent.com/notro/
rpi-source/master/rpi-source␣-O␣/usr/bin/rpi-source
```

ダウンロードした状態では実行権がついていないので付与します．

```
sudo␣chmod␣+x␣/usr/bin/rpi-source
```

カーネル・ソースのバージョン情報と各種ソース・ファイルの依存関係を更新します．

```
/usr/bin/rpi-source␣-q␣--tag-update
```

カーネル・ソースの更新準備が整いました．実際にカーネルのソースコードを入します．ネットワーク環境によりますが，5～30分かかります．

```
rpi-source
```

メッセージが出て停止したら，リターン・キーを押して進めてください.

④ サウンド処理ソフトウェアとI^{2}Sインターフェース回路をつなぐドライバを組み込む

Linuxカーネルのサウンド処理ソフトウェアとI^{2}Sインターフェース回路を接続するASoCプラットフォーム・ドライバを組み込みます.次のコマンドを実行します.

```
sudo␣mount␣-t␣debugfs␣debugs␣/sys/kernel/debug↵
```

次のような表示が出てもそのまま進みます.

```
mount: debugs is already mounted
```

catコマンドを使って,componentsのファイルの中身を確認します.

```
sudo␣cat␣/sys/kernel/debug/asoc/components
```

次のような表示が出たらOKです(**図4**).

```
3f203000.i2s
snd-soc-dummy
```

⑤ I^{2}Sドライバのソースコードをダウンロードしてコンパイルする

I^{2}Sドライバのバージョンとカーネルのバージョンは合っていなければ動きません.I^{2}Sドライバのソース・ファイルを入手したら,カーネルのソースコードといっしょにコンパイルします.

もし,今後カーネルのバージョンが上がって動かなくなったら,同じ作業をして再度ビルドしてください.

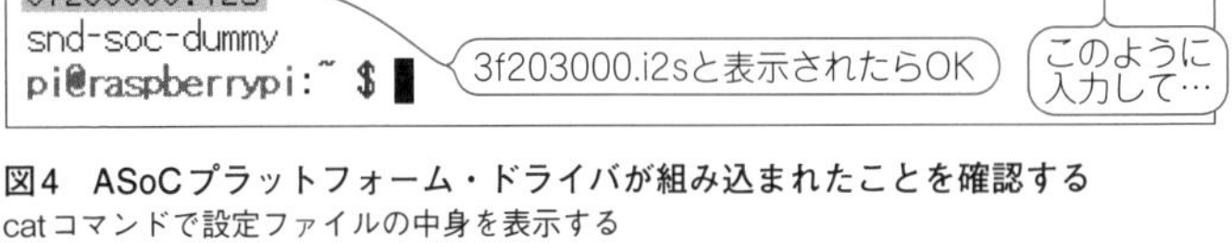

```
pi@raspberrypi:~ $ sudo cat /sys/kernel/debug/asoc/platforms
3f203000.i2s
snd-soc-dummy
pi@raspberrypi:~ $ ▮
```

3f203000.i2sと表示されたらOK

このように入力して…

図4 ASoCプラットフォーム・ドライバが組み込まれたことを確認する
catコマンドで設定ファイルの中身を表示する

▶ I^2Sドライバのソースコードを入手する

次のように入力して，Git HubにあるI^2Sドライバ(開発者はPaul Creaser氏)のmy_loader.cとmakefileをダウンロードします．

```
git␣clone␣https://github.com/PaulCreaser/rpi-i2s-audio
↵
```

次のように入力して作業ディレクトリを変更します．

```
cd␣rpi-i2s-audio↵
```

▶ I^2Sドライバのソースコードをコンパイルする

次のように入力してI^2Sドライバをコンパイルします．

```
sudo␣make␣-C␣/lib/modules/$(uname␣-r␣)/build␣
M=$(pwd)␣modules↵
```

▶ I^2Sドライバを読み込む

コンパイルにより，I^2Sドライバとして働くカーネル・モジュー

ラズベリー・パイに使えるオーディオ・ケーブル

ラズベリー・パイ3Bのオーディオ出力は，ステレオ(左右2チャネル)で，ビデオ(コンポジット・タイプ)出力と一緒に3.5mmジャックから出ています．**図A**に示すように，オーディオ・ケーブルには3種類の端子の並びがあります．ラズベリー・パイのϕ3.5mmのオーディオ・ジャックは，**図A**(c)のタイプに対応しています．

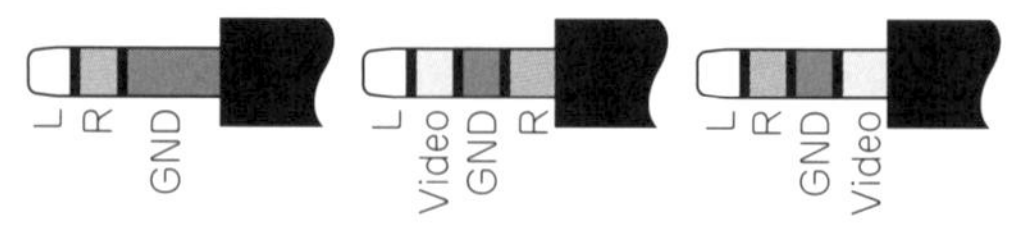

(a) オーディオ用（ϕ3.5mm）　(b) AV用（ϕ3.5mm）　(c) ラズベリー・パイ用（ϕ3.5mm）

図A　市販のオーディオ・ケーブルの端子並び

ル(my_loader.ko)が得られます．このモジュールをカーネルに読み込む(ロードする)には次のように入力します．

```
sudo␣insmod␣my_loader.ko↵
```

▶I²Sドライバが組み込まれたことを確認する

I²Sドライバが組み込まれたことを確認します．まず，モジュールが読み込まれているか確認します．読み込まれているモジュールは40個近くあるので，grepコマンドでmy_loaderが含まれる行だけを抽出して表示します．

```
lsmod␣|␣grep␣my_loader↵
```

図5のように表示されたらカーネル・モジュールは読み込まれています．

▶I²Sドライバが動いているかどうかを確認する

次に，I²Sドライバが正しく働いているかどうかを確認します．次のコマンドで，カーネルのリング・バッファのうち最後の行を表示します．

```
dmesg␣|␣tail↵
```

表示された行に次のような文字列があれば，I²Sドライバが組み込まれています．

```
asoc-simple-card asoc-simple-card.0: snd-soc-dummy-dai <-> 3f203000.i2s mapping ok
```

見当たらないときは，次のように入力してください．

```
dmesg␣|␣grep␣asoc↵
```

▶起動時に自動的にI²Sドライバがロードされるようにする

ラズベリー・パイが起動したときに，このI²Sドライバが自動的に組み込まれるように設定します．次のように入力します．

```
pi@raspberrypi:~/rpi-i2s-audio $ lsmod | grep my_loader
my_loader              16384  0
```

図5　I²Sドライバが組み込まれたことを確認する
名前にmy_loaderが入った動作中のモジュールがあれば表示される

```
sudo cp my_loader.ko /lib/modules/$(uname -r)
echo 'my_loader' | sudo tee --append /etc/modules > /dev/null
sudo depmod -a
```

数秒かかります．さらに次のように入力します．

```
sudo modprobe my_loader
```

ラズベリー・パイのPWMオーディオ出力回路

図Aに示すように，ラズベリー・パイのSoC BCM2837が出力するPWM(Pulse Width Modulation)信号は，バッファとLPFを介して，オーディオ端子(3.5mm ジャック)に出力されています．

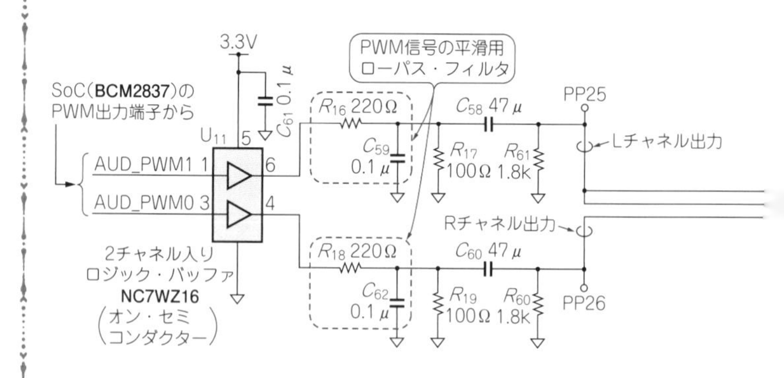

図A　ラズベリー・パイ3Bのオーディオ出力回路
2チャネルのPWM信号から作られる．PWM信号の変調周波数の中心は50MHz

設定を反映するためにリブートします.

```
sudo reboot
```

◆参考文献◆

lady ada：Adafruit I2S MEMS Microphone Breakout.
▶ https://learn.adafruit.com/adafruit-i2s-mems-microphone-breakout/raspberry-pi-wiring-and-test

LPFの周波数特性を**図B**に示します．ラズベリー・パイ3BはPWM出力を2チャネル備えていますが，オーディオ信号を出力しているときはGPIOのPWM機能は使えません.

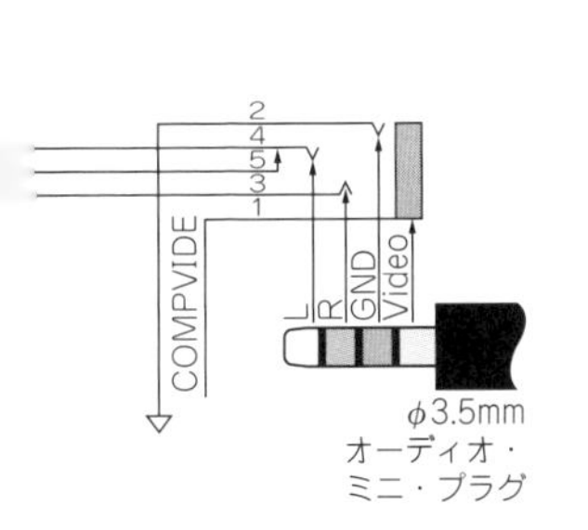

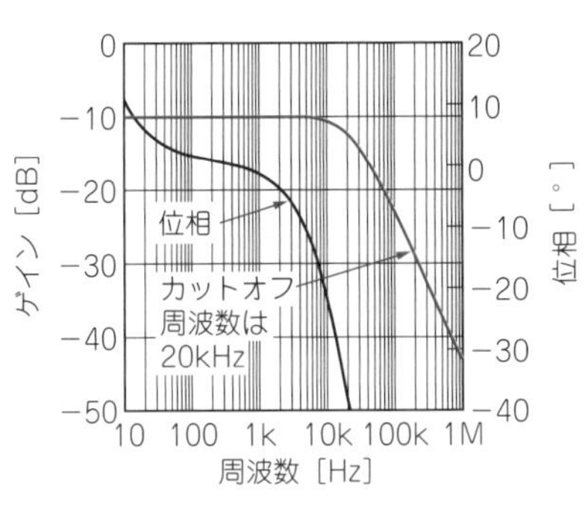

図B　オーディオLPFの特性(LTSpiceによるシミュレーション)
PWMのデューティ変化を電圧に変換する役目もある

第10話 ALSA録再コマンドarecordとaplayの使い方と録音レベル調整

[ラズベリー・パイの準備③] サウンド録再デバイスの設定

● マイク発→ラズベリー・パイ→クラウドAI→ラズベリー・パイ→スピーカ着

付録基板に部品を搭載して，ラズベリー・パイのセットアップが終わったら，次はいよいよGoogle AssistantやAmazon Alexa, IBM WatsonなどのクラウドAIに接続します(**図1**).

付録基板上のMEMSマイクに音声で質問を投げかけると，ラズベリー・パイはこれをWAVファイルに変換して，クラウドにアップロードします．クラウドはWAVファイルを受け取ると，AIを使ってテキストに変換し，意味を読み解きます．必要があればほかのWebサイトを検索します．

クラウドAIは，問いに対する答えの用意ができたら，これをWAVファイルにしてラズベリー・パイに返送します．ラズベリー・パイは，WAVファイルをPWM信号に変換して出力します．この音声出力を付録基板上のオーディオ・アンプで増幅してスピーカを鳴らします．

クラウドAIに送る音声ファイルの形式は何でもよいわけではありません．利用するクラウドAIの種類によって，ビット幅，サ

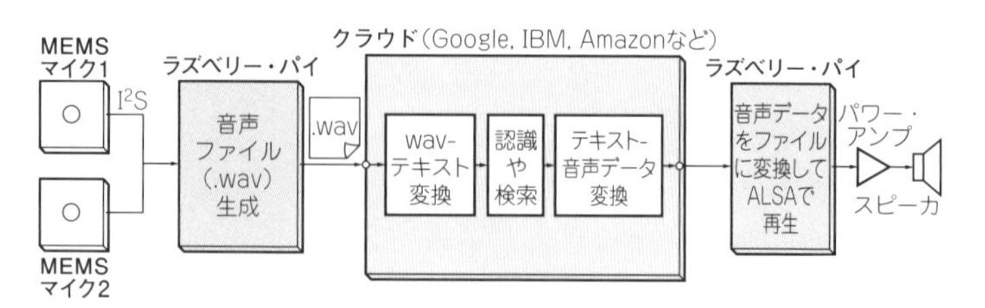

図1 トラ技AIスピーカとクラウドの間を往来する音声データの旅路

ンプリング・レートなどが決められています.

● トラ技AIスピーカ単体で録音再生の動作テスト

次のコマンドを入力して，利用できるBCM2837内のサウンド録再デバイスを確認します.

```
arecord␣-l
```

表示された一覧の中に，snd_rpi_simple_cardという名前のサウンド録再デバイスがあることを確認して，次の2つの番号をメモします(**図2**).（　）内の数字は例です.

- カード番号(1)
- デバイス番号(0)

モノラルとステレオの両方で録音のテストをします. **図3**にモノラルで録音と再生をしたときのコマンド入力と応答のようすを示します.

▶録音する

モノラル録音するときは，arecordコマンドを使って，次のよ

```
pi@raspberrypi:~ $ arecord -l
**** ハードウェアデバイス CAPTURE のリスト ****
カード 1: sndrpisimplecar [snd_rpi_simple_card], デバイス 0: simple-card_codec_l
ink snd-soc-dummy-dai-0 []
  サブデバイス: 1/1
  サブデバイス #0: subdevice #0
pi@raspberrypi:~ $
```

このように入力する

カード番号とデバイス番号をメモする

図2　ラズベリー・パイで使えるサウンド・デバイスの種類を確認する
カード番号とデバイス番号をメモする

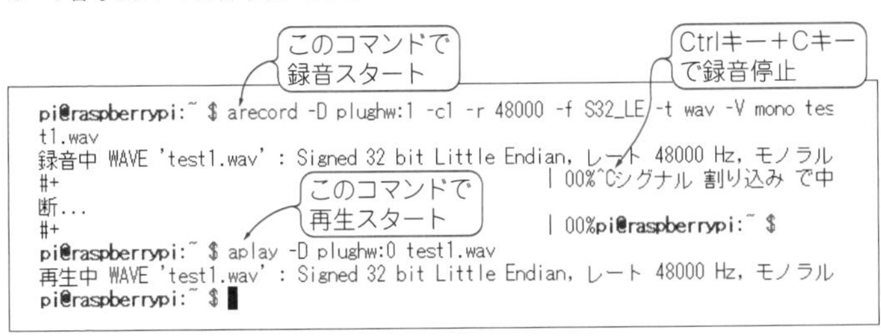

図3　ターミナルからBCM2837内のサウンド録再デバイスに録音と再生のコマンドを入力して動かしてみた(モノラル)

うに入力します.

```
arecord␣-D␣plughw:1␣-c1␣-r␣48000␣-f␣S32_LE␣-t
␣wav␣-V␣mono␣-v␣test1.wav↵
```

ステレオ録音をするときは次のように入力します.

```
arecord␣-D␣plughw:1␣-c2␣-r␣48000␣-f␣S32_LE␣-t
␣wav␣-V␣stereo␣-v␣test2.wav↵
```

録音を終了するときは, Ctrlキー＋Cキーを押します. "plughw:1" の値 '1' は, 先ほどメモしておいたサウンド録再デバイスのカード番号です.

▶再生する

モノラル再生のときは次のように入力します.

```
aplay␣-D␣plughw:0␣test1.wav↵
```

ステレオ再生のときは次のように入力します.

```
aplay␣-D␣plughw:0␣test2.wav↵
```

● **録音ボリュームを有効にする(IBM Watsonの場合)**

このままでは, 録音される音量が小さいので, マイクの感度を上げられるように, サウンド録再デバイスにボリューム機能を追加します.

● **録音ボリュームを有効にする**

サウンド録再デバイスの設定ファイル(**リスト1**, .asoundrc)を追加します.

```
sudo␣nano␣~/.asoundrc
```

録音レベルを調節するためには, いったん次のコマンドで録音と再生を確認します.

▶録音するとき

```
arecord␣--format=S16_LE␣--duration=5␣--rate
=16000␣--file-type=raw␣out.raw
```

▶再生するとき

```
aplay␣--format=S16_LE␣--rate=16000␣out.raw
```

リスト1　ボリュームを調節.asoundrc

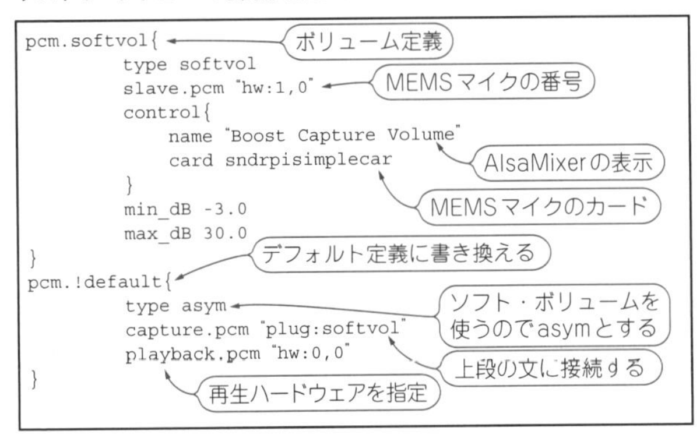

```
pcm.softvol{
        type softvol
        slave.pcm "hw:1,0"
        control{
            name "Boost Capture Volume"
            card sndrpisimplecar
        }
        min_dB -3.0
        max_dB 30.0
}
pcm.!default{
        type asym
        capture.pcm "plug:softvol"
        playback.pcm "hw:0,0"
}
```

図4　録音レベルの調節に成功

＊

ターミナルから次のように入力して，AlsaMixerを起動します

alsamixer

F6を押して，BCM2837内のサウンド録再デバイスをsnd_rpi_simple_cardに変更します．図4に示すように，録音レベルの調節ができるようになります．再生，録音の項目選択はTABキーを押します．arecordやaplay，slamixerが正常に動作しない場合，.asoudrcの設定ミスの可能性が高いので見直します．

.asoundrcの変更を反映させる場合は，プロセスをいったん停止させます．sudo rebootで再起動させると簡単でしょう．

設定が完了したら，再度arecord，aplayコマンドで録再を行い，マイク感度が変化したことを確認します．録音レベルは80～90に設定します．

AI最前線　魚群探知機への応用

北海道では定置網の漁が盛んで，私の地元の函館でも行われています．定置網漁は動力を使わない(船で魚を追いかけない)ので環境にとってはよい漁法ですが，網に入ってきた魚を上げるので，取る魚の種類を選ぶことができません．

この定置網にときどき小さいマグロ(メジマグロという)の群れが入り込むことが，社会的な問題になっています．マグロの資源管理のために小さいマグロをたくさん取ってはいけないルールになっているのです．定置網だと，意図せず小さいマグロを取り過ぎてしまいます．漁師は，網を上げる前に，網の中を泳いでいる魚の種類，量，大きさを知りたいと考えています．

そこで，魚群探知機を定置網に入れて，魚群の音波のデータを取って画像化し(**図A**)，直後に網を上げたときに取れた魚の情報を教師信号として画像と紐付ける機械学習(ディープラーニング)するシステムを作っています．

このAIシステムが，ある程度正確に定置網の中の魚を予測できれば，小さいマグロの大群が入っているときは網を引き上げる前に魚をリリースすることができます．

〈松原 仁〉

図A　魚群探知機で撮れる画像から魚の種類を自動判別する

(a) スルメイカ

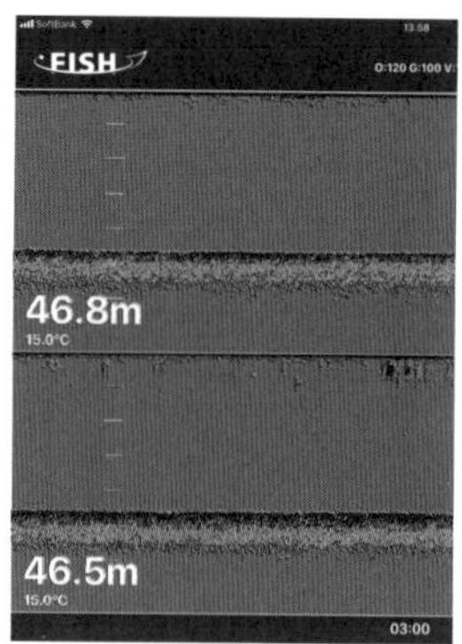

(b) メジマグロ

第11話 トラ技AIスピーカからキーボードやマウスを外してスタンドアロン化

[ラズベリー・パイの準備④] パソコンでリモート操作する

トラ技AIスピーカは寝室やリビングに置きたいものです(**図1**). でも，ラズベリー・パイにモニタやキーボードを接続したままでは，持ち運びも不便で，見た目にもよくありません．

設定を変えたり，メンテナンスしたりするときには，モニタやキーボードをつなぐ必要があります．普段使っているノート・パソコンやタブレットをラズベリー・パイとWi-Fi経由で接続(リモート接続という)しておけば，いつでも気楽に設定を変えたり，

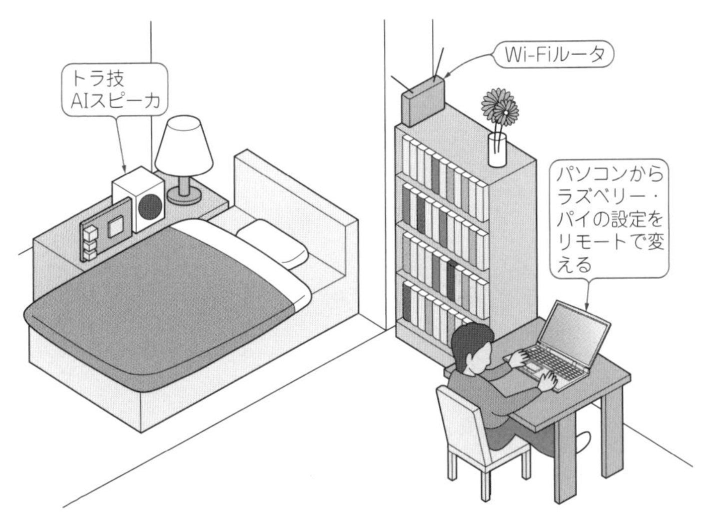

図1 製作したAIスピーカは，モニタやキーボードをつながない状態で寝室やリビングに置きたい…でも，ラズベリー・パイの設定を変えるときは，一時的にモニタやキーボードが要る
いつも使っているノート・パソコンやタブレットからラズベリー・パイをリモートで設定できるようにセットアップしておく．このときのパソコンやタブレットのことをリモート・デスクトップと呼ぶ

操作したりできます(**写真1**).

トラ技AIスピーカとWindowsパソコンは，パスワードを使ったセキュリティの高い通信プロトコルSSH(Secure SHell)で接続

写真1　パソコンのモニタでラズベリー・パイのGUIを開く…パソコンのモニタにXwindowが開いた
奥がラズベリー・パイ用のモニタ，手前がパソコン(リモート・デスクトップ)

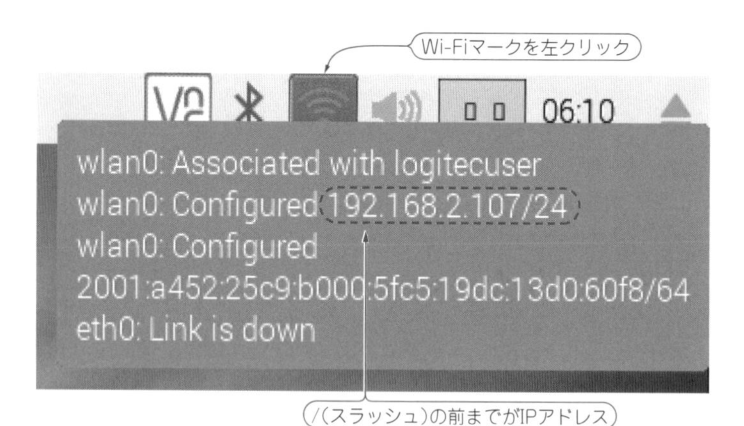

図2　ラズベリー・パイのIPアドレスを調べる
Wi-Fiマークをクリックすると表示されるダイアログ

します.

● ラズベリー・パイのIPアドレスをメモする

トラ技AIスピーカ(ラズベリー・パイ)のIPアドレスを調べます. **図2**に示すように, ラズベリー・パイのデスクトップ画面で, Wi-Fiアイコンをクリックすると, IPアドレスが表示されるので, メモしてください.

● Tera Termでパソコンとラズベリー・パイを接続

WindowsパソコンにTera Termをインストールして起動します.

図3の画面が出たら, TCP/IPを選んでラズベリー・パイのIPアドレスを入力します. SSH接続を指定して[OK]を押すと, **図4**

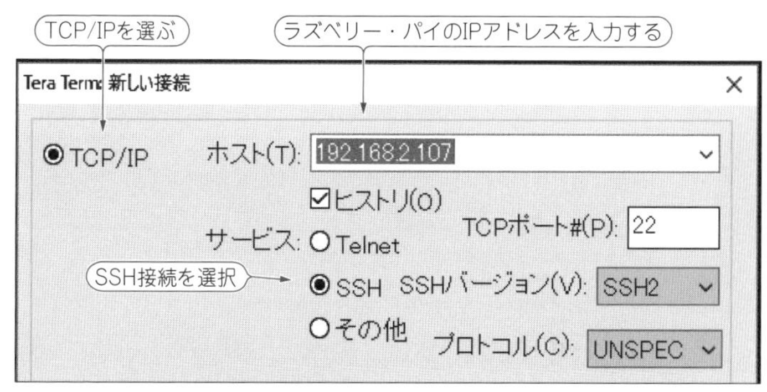

図3 パソコンでTera Termを起動する
ホスト名(IPアドレス)を入れてSSHを指定する

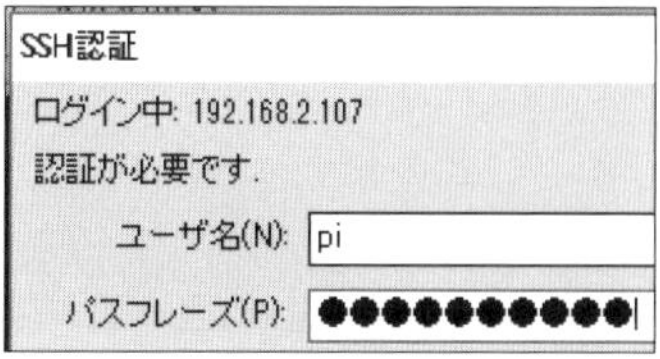

SSH認証
ログイン中: 192.168.2.107
認証が必要です.
ユーザ名(N): pi
パスフレーズ(P): ●●●●●●●●●●●

図4 Tera Termの認証画面でラズベリー・パイのユーザ名とパスワードを入力する

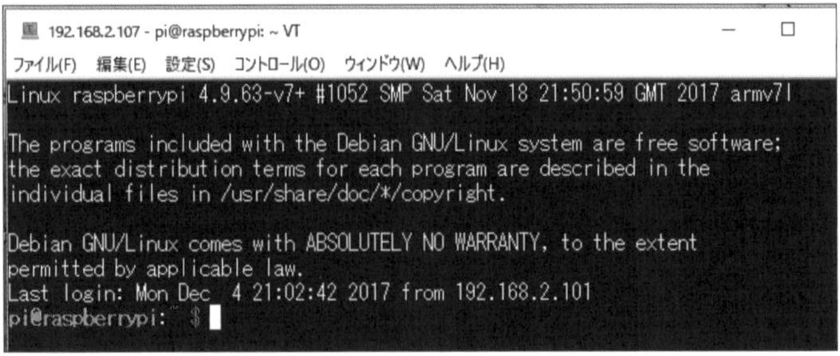

192.168.2.107 - pi@raspberrypi: ~ VT

ファイル(F) 編集(E) 設定(S) コントロール(O) ウィンドウ(W) ヘルプ(H)

```
Linux raspberrypi 4.9.63-v7+ #1052 SMP Sat Nov 18 21:50:59 GMT 2017 armv7l

The programs included with the Debian GNU/Linux system are free software;
the exact distribution terms for each program are described in the
individual files in /usr/share/doc/*/copyright.

Debian GNU/Linux comes with ABSOLUTELY NO WARRANTY, to the extent
permitted by applicable law.
Last login: Mon Dec  4 21:02:42 2017 from 192.168.2.101
pi@raspberrypi:~ $
```

図5　ラズベリー・パイとの通信に成功したときのパソコンのモニタ画面
シェルにアクセスできる

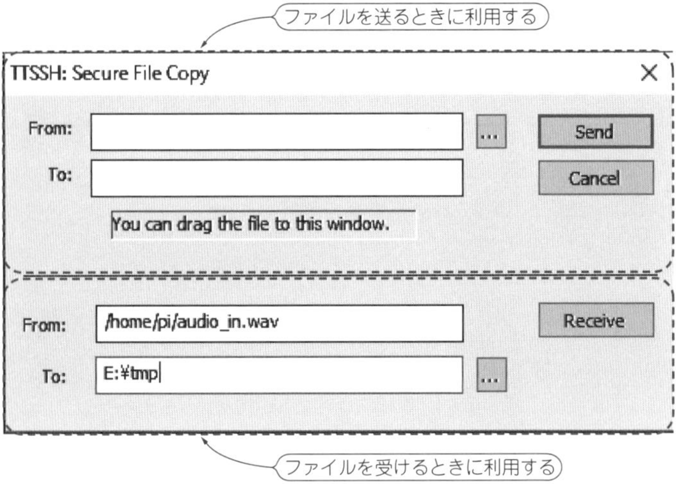

ファイルを送るときに利用する

TTSSH: Secure File Copy

From: ... Send

To: Cancel

You can drag the file to this window.

From: /home/pi/audio_in.wav Receive

To: E:¥tmp ...

ファイルを受けるときに利用する

図6　Tera Termを使うとパソコンとラズベリー・パイの間でファイルを送受信できる
ファイルを送るときは上段に，受けるときは下段にディレクトリ名とファイル名を入力する

の画面になります．ラズベリー・パイのログイン・ユーザ名とパスワードを入力します．パスワードのデフォルトは“raspberry”ですが，そのままだと簡単に外部から侵入されます．パスワード

は必ず変更してください．

通信が確立すると，**図5**のような画面がWindowsパソコンのモニタに表れます．これは，ラズベリー・パイのLXTerminalと同じです．

● ファイルをやり取りする方法

Tera Termを使えば，ファイルのやりとりが可能です．

［ファイル］－［SSH　SCP...］と進むと，**図6**の画面になります．パソコンからラズベリー・パイにファイルを転送するときは，上段(Send)，逆の場合は下段(Receive)にディレクトリ名とファイル名を入力します．

● パソコンでラズベリー・パイのGUIを開く

ラズベリー・パイを操作したり，状態を確認するグラフィカルなGUIモニタ・アプリケーションをXwindowといいます．このXwindowを手元のパソコンで開けるようにします．このようにして接続したパソコンをリモート・デスクトップと呼びます．

まずラズベリー・パイで，次のコマンドを実行して，サーバ・ソフトウェア(xrdp)をインストールします．数分かかります．

```
sudo␣apt␣install␣xrdp↵
```

xrdpは，リモート・デスクトップ・プロトコル(RDP)のXwindow版です．サーバのデスクトップをパソコンでGUI操作できるVNC(Virtual Network Computing)も有名ですが，Windows

図7　パソコンのモニタでラズベリー・パイのGUIを開く① Winキーと R キーを同時押ししてファイル名(mstsc)**を入力する**

Windowsキーと R キーを押すと開く

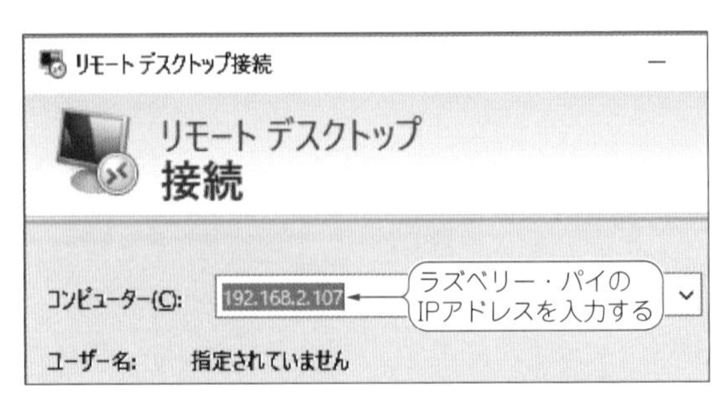

図8　パソコンのモニタでラズベリー・パイのGUIを開く② ラズベリー・パイのIPアドレスを入力して［接続］を押す

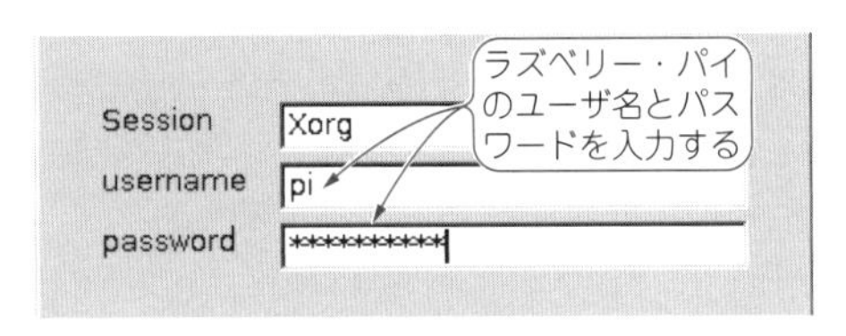

図9　パソコンのモニタでラズベリー・パイのGUIを開く④ ログイン画面が表れたらラズベリー・パイのIPアドレスとパスワードを入れる

パソコン側のインストールと操作が面倒なので使いませんでした.

Windowsパソコンの Windowsキー＋Rキーを同時押しして,**図7**のダイアログが開いたら,「mstsc」と入力して［OK］をクリックします.

図8の画面が開いたら,コンピュータの欄にラズベリー・パイのIPアドレスを入力して,［接続］をクリックします.警告が出ますが,［はい］を押して次に進みます.**図9**のダイアログが開いたら,ラズベリー・パイのIPアドレスとパスワードを入力します.

写真1のように,ラズベリー・パイのデスクトップ画面が表れたら,リモート接続成功です.

第12話 人の声と環境ノイズを分離して認識率を高める「ビーム・フォーミング」

トラ技AIスピーカがMEMSマイクを2個搭載する理由

● 音源方向に聞き耳を当ててS/Nを向上させるビーム・フォーミング技術

トラ技AIスピーカに搭載するMEMSマイクは指向性がないので，方角によらず感度が一様です．ある方向から来る音声も，環境音のような定常的なノイズも，区別することなくオーディオ信号と捕えます．

人のように，マイクに指向性をもたせて，音源に向けることができれば，音声と環境ノイズを区別することができ，認識率を高めることができます．

具体的には，2つのマイク間の距離と音声の到達時間差から，方角を特定します．音源の方角による到達時間差を判定し，遅れている側のチャネルの信号を遅延させて足し合わせます．加算によって話し手方角の感度を強調できます．この手法を「遅延和ビーム・フォーミング(delay-sum beamforming)」と呼びます．

今回利用した，IBM Cloud(Bluemix)のAIサービス「speech to text」は，2チャネル以上の入力を受け付けています．音声ファイル・フォーマットがWAVのときは9チャネルまでの入力に対応できるようです．

2017年12月現在，明確にビーム・フォーミング処理をしているとの記載はありませんでしたが，ユーザ・フォーラムでのやりとりの中に，ビーム・フォーミングを行っている，との記載がありました．2チャネルの結果としては，speech to textに任せるより自前で行ったほうが，少し良い結果が得られるようです．speech to textに送る音声ファイルはシングル・チャネル化できるので，

自前でビーム・フォーミングを処理することはデータ通信量の低減にも有効です.　〈高梨 光〉

● トラ技AIスピーカは2個のマイク出力を足し合わせるモノラル仕様

トラ技AIスピーカは，2個のマイクの出力を足し合わせる簡易仕様です.

一方または両方のマイクの穴をふさいだりあけたりしたときの録音音声の明瞭度で，正常に動作しているかどうかを確認できます(**写真1**).

ラズベリー・パイで次のように入力すると，プラグイン，ボリューム，録音カードの順にどのようなフォーマットで処理されているかが表示されます(**図1**).

```
arecord␣--format=S16_LE␣--duration=5␣--rate=16000␣--file-type=wav␣-v out.wav↵
```

Ⓑ部は，MEMSマイク用に2チャネルのデバイスが動いていることを示しています. Ⓐ部は，左チャネル50 %，右チャネル50 %の割合で混合し，1チャネル(モノラル)にして出力していること

写真1　トラ技AIスピーカに搭載されている2個のMEMSマイクの動作テスト
一方または両方をふさいだりあけたりして，録音の明瞭度の変化を調べる

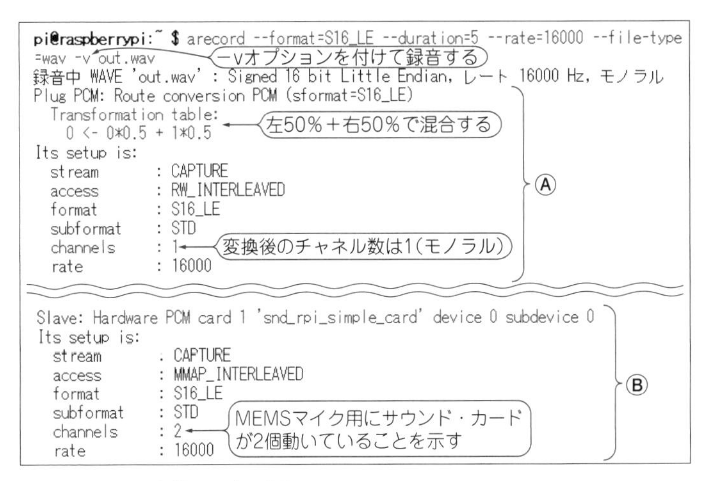

図1　ALSAの録音信号の流れを調べる
arecordコマンドに-vオプションを付ける

を示しています.

Linuxの ALSAオーディオ・システムは，ユーザが明示的に.asoundrcファイルなどを指定しないかぎり，最適と判断される信号ルート(この場合，混合処理)を自動的に選びます.

第13話　Ok！ Google？明日の予定，教えて？

[クラウドAIと会話する①]
Google Assistantとおしゃべり

GoogleのAI API "Google Assistant"と製作したトラ技AIスピーカを接続してみましょう．ラズベリー・パイ3との接続には，Googleが提供するPythonで書かれたライブラリを利用します(1)．認識率は日本語よりも英語のほうが格段に高いです．

● 手順① AIスピーカとパソコンを接続する

トラ技AIスピーカとパソコンをSSH接続します．"date"と打ち込むと，現在の日時が表示されます(**図1**)．

現在時刻は，OSがタイム・サーバから自動的に取得します．協定世界時(UTC)に9時間を加えると，日本標準時(JST)になります．時刻がずれていると，SSLエラーが発生することがあります．

```
date␣-s="2017/12/11␣13:25:00"↵
```

というふうに入力して，UTC時刻で修正してください．

● 手順② AIスピーカの録音と再生の動作テスト

▶再生テスト

次のコマンドを入力してテスト音声を再生します．

```
speaker-test␣-t␣wav↵
```

声が出たらOKです．Ctrlキー+Cキーの同時押しで終了します．出ないときは次に進んでください．

▶録音テスト

次のコマンドを入力すると録音機能がスタートします．

```
pi@raspberrypi:~ $ date
2019年 11月 27日 水曜日 10:25:06 JST
pi@raspberrypi:~ $
```

図1　AIスピーカとパソコンを接続する
日付と時刻を確認する

```
arecord␣--format=S16_LE␣--duration=5␣
--rate=16000␣--file-type=raw␣out.raw↵
```

次のように入力して，ファイルを再生します．

```
aplay␣--format=S16_LE␣--rate=16000␣out.raw↵
```

次のコマンドを入力してボリュームを有効にすると，**図2**に示すミキサが表示されます．

```
alsamixer↵
```

▶録音のテストに失敗した場合

前述のテストに失敗したときは，次のように入力して，利用できる録音デバイス(CAPTURE)の一覧を表示します(**図3**)．

```
arecord␣-l↵
```

図3のsnd_rpi_simple_cardは，MEMSマイク用のサウンド・デバイスです．このカード番号とデバイス番号をメモします．

図2　alsamixerコマンドを入力すると現れるミキサでボリュームを有効にする
AlsaMixerの画面．デバイスを選択して音量を調整する

```
pi@raspberrypi:~ $ arecord -l
**** ハードウェアデバイス CAPTURE のリスト ****
カード 1: sndrpisimplecar [snd_rpi_simple_card], デバイス 0: simple-card_codec_l
ink snd-soc-dummy-dai-0 []
  サブデバイス: 1/1
  サブデバイス #0: subdevice #0
pi@raspberrypi:~ $
```

図3　録音テストに失敗したら①録音デバイスの一覧を表示する
MEMSマイクのカード番号は1，デバイス番号は0

```
pi@raspberrypi:~ $ aplay -l
**** ハードウェアデバイス PLAYBACK のリスト ****
カード 0: ALSA [bcm2835 ALSA], デバイス 0: bcm2835 ALSA [bcm2835 ALSA]
  サブデバイス: 8/8
  サブデバイス #0: subdevice #0
カード 0: ALSA [bcm2835 ALSA], デバイス 1: bcm2835 ALSA [bcm2835 IEC958/HDMI]
  サブデバイス: 1/1
  サブデバイス #0: subdevice #0
カード 1: sndrpisimplecar [snd_rpi_simple_card], デバイス 0: simple-card_codec_l
ink snd-soc-dummy-dai-0 []
  サブデバイス: 1/1
  サブデバイス #0: subdevice #0
```

図4　録音テストに失敗したら② 再生デバイスの一覧を表示する
ラズベリー・パイのオーディオ出力ジャックにつながるサウンド・デバイスのカード番号0，デバイス番号は0

次のように入力して，利用できる再生デバイス(PLAYBACK)の一覧を表示します(**図4**)．

```
aplay␣-l↵
```

bcm2835 ALSAは2つあり，中段はHDMIです．一番上がϕ3.5 mmジャックからのオーディオ出力です．このカード番号とデバイス番号をメモします．

手順②で，録音と再生ができることを確認します．

● 手順③ Google Assistant APIにアクセスする

▶開発プロジェクトを設定してアカウントを取得する

以上で，トラ技AIスピーカの準備が整いました．いよいよGoogle Assistant APIにアクセスします．SSH接続したパソコンを使うと作業しやすいでしょう．

Googleアカウントがない方は，先に取得しておいてください．Google Cloud Platformと検索し，ダッシュボードに進んで，

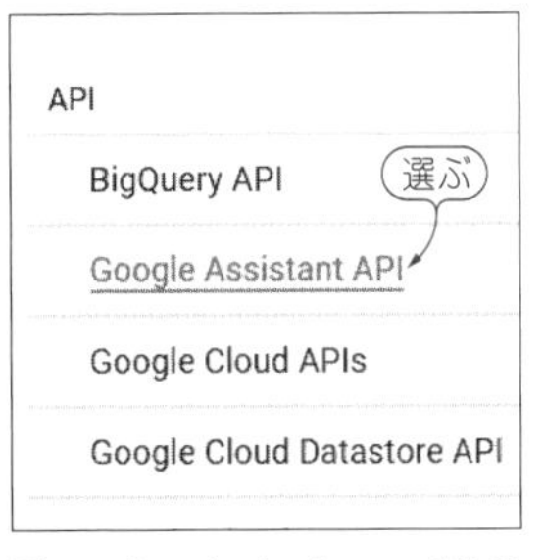

図5　Google Assistant APIに接続する①新規プロジェクトを作る
Google Assistant APIをダブルクリックする

図6　Google Assistant APIに接続する②クライアントID取得の準備(OAuthクライアントIDを選ぶ)

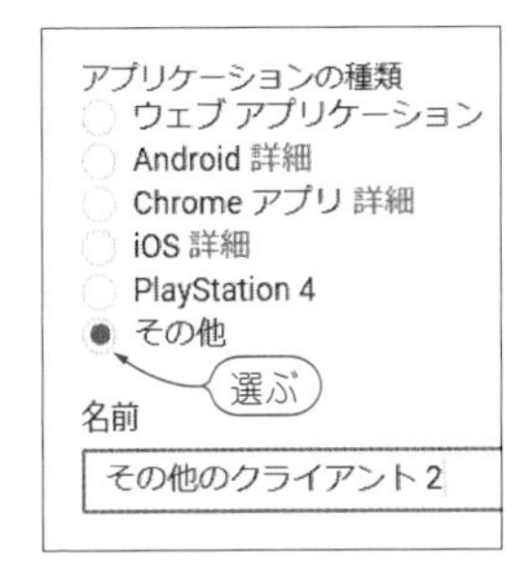

図7　Google Assistant APIに接続する③クライアントID取得の準備(アプリケーションの種類「その他」を選ぶ)

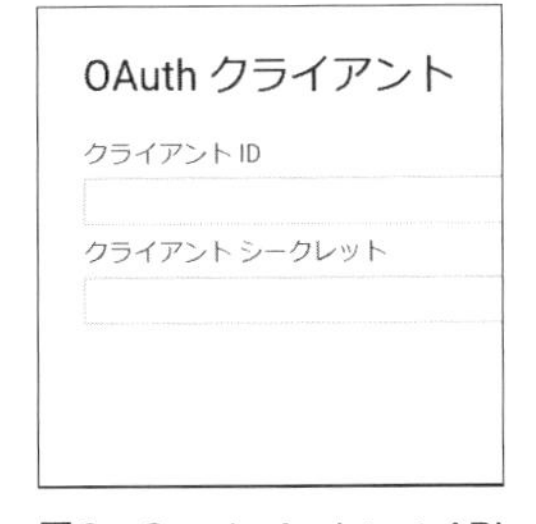

図8　Google Assistant APIに接続する④ クライアントID取得完了
右のアイコンでjsonファイルをダウンロードする

Google Assistant APIを選びます(**図5**).

▶クライアントIDを取得する

図6のダイアログで，OAuth(オーオース)クライアントIDを選びます．アプリケーションの種類は[その他]を選びます(**図7**).

認証情報

認証情報　OAuth 同意画面　ドメインの確認

認証情報を作成 ▾　削除

次のいずれかの認証情報を使用して、この API にアクセスするか、上で新しい認証情報を作成して

OAuth 2.0 クライアント ID

名前	作成日	タイプ	クライアント ID
ai_speaker_check	2017/12/10	その他	

図9　Google Assistant APIに接続する⑤認証情報の一覧を確認する
破線の部分はクライアントごとに異なる

クライアントIDが表示されるので(**図8**)，右端のアイコンをクリックしてダウンロードします．

図9のダイアログで，認証情報を確認したり，ダウンロードしたりできます．

● 手順④ Googleのアクティビティ設定

次のWebサイトにアクセスします．

https://myaccount.google.com/activitycontrols

Googleアカウントのアクティビティ(次の4項目)を有効にします．

(1) ウェブサイトとアプリケーションのアクティビティ(**図10**)
(2) ロケーション履歴
(3) 端末情報
(4) 音声アクティビティ(**図11**)

● 手順⑤ シークレット・ファイルを入手する

認証情報を入手します．Google Cloud platformを検索してロ

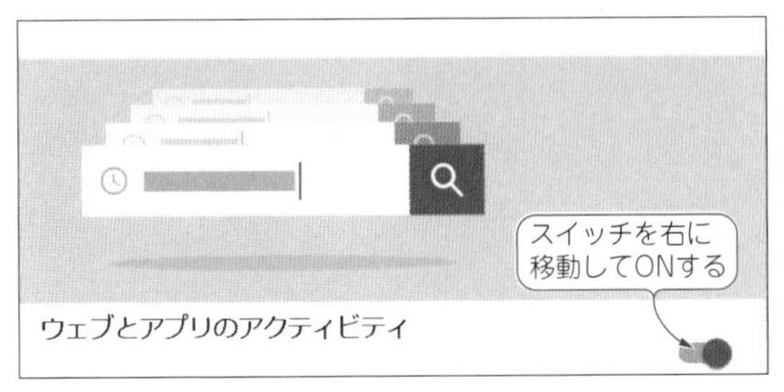

図10　Google Assistant APIに接続する⑥ ウェブサイトの閲覧履歴やアプリケーションの利用履歴を蓄積して利用する
スイッチを右にシフトしてONする

図11　Google Assistant APIに接続する⑦入力した音声アクティビティの履歴を蓄積して利用する
スイッチを右にシフトしてONする．音声の認識率が高まる

グインします．

コンソールに移動して，左上のナビゲーション・メニューから，**図12**に示すように［APIとサービス］－［認証情報］を選択します．**図13**のように，OAuth 2.0クライアントIDが表れるので，右側にあるダウンロード・ボタンを押してパソコンにダウンロードします．

ダウンロードした認証情報ファイルの名前は次のとおりです．

```
client_secret_XXX.googleusercontent.com.json
```

Tera Termを使って，このjsonファイルをラズベリー・パイのホーム・ディレクトリに転送します(第11話参照)．

図12　シークレット・ファイルを入手する①…[APIとサービス]-[認証情報] を選ぶ

OAuth 2.0 クライアント ID

名前	作成日	タイプ	クライアント ID
YYY	2019/11/13	その他	469362

図13　シークレット・ファイルを入手する②…ダウンロード・ボタンを押す

● 手順⑥ Python3の仮想環境にインストールする

次のように入力して，ラズベリー・パイにPython3をインストールし，仮想環境(env)を構築します．

```
sudo apt-get update
sudo apt-get install python3-dev python3-venv
python3 -m venv env
env/bin/python -m pip install --upgrade pip setuptools
source env/bin/activate
```

● 手順⑦ Google Assistant SDKを取得する

Google Assistant SDKは，音声による問いかけを録音したり，Google Assistantからの答えを再生したり，ホットワード“OK Google”と“Hey Google”という単語を検出するパッケージです．次のようにラズベリー・パイに認証ツールをインストールします．

これらの作業は，すべて仮想環境(env環境)で行います．プロンプトに(env)が表示されます．

```
sudo␣apt-get␣install␣portaudio19-dev libffi-dev libssl-dev⏎
python␣-m␣pip␣install␣--upgrade␣google-assistant-sdk [samples]⏎
```

● 手順⑧ クライアントID認証ツールを走らせる

次のように入力して，ラズベリー・パイに認証ツールをインストールします．

```
python␣-m␣pip␣install␣--upgrade␣google-auth-oauthlib [tool]⏎
```

次のように入力して，認証ツールを実行します．ラズベリー・パイにつないだキーボードを使うときは，最後の-headlessは不要です．

```
google-oauthlib-tool --client-secrets $(find $HOME -name client_secret_*.apps.googleusercontent.com.json) --scope https://www.googleapis.com/auth/assistant-sdk-prototype --save --headless⏎
```

認証ツールが実行されると，多くのメッセージが出てきます．その中に次のようなコメントがあります．

```
Please visit this URL to authorize this application:
```

コメント以降のURLをコピーしてGoogle Chromeでアクセスし，認証が成功するとコード“4/XXXXxxx～XXXXx”が返ってきます．このコードを，

```
ON_START_FINISHED

ON_CONVERSATION_TURN_STARTED
ON_END_OF_UTTERANCE
ON_RECOGNIZING_SPEECH_FINISHED:
  {'text': "what's the date today"}
ON_RESPONDING_STARTED:
  {'is_error_response': False}
ON_RESPONDING_FINISHED
ON_CONVERSATION_TURN_FINISHED:
  {'with_follow_on_turn': False}
```

図14　トラ技AIスピーカに"What's the date today?"と問いかけるとこのようなログ・データが得られる

```
Enter the authorization code:
```

の後に貼り付けてリターンを押すと，次のレスポンスがあります．

```
credentials saved:/home/pi/.config/google-oauthlib-tool/
credentials.json
```

これで認証ツールによるセットアップは完了です．

● 手順⑨ Google SDKの起動

次のコマンドを実行するとGoogle SDKが起動します．

```
googlesamples-assistant-pushtotalk␣--project-id␣XXX
-XXX␣--device-model-id␣YYY↵
```

XXX-XXXには，作成したグーグル・クラウド・プラット・フォームのプロジェクトIDを入れます．わからない場合は，認証時に使用した".json"ファイルの中を見てください．"project_id":"XXX-XXX "と書かれています．YYYは作成したモデル名を入れます．このモデル名は図14の名前にあります．

起動したら"OKk Google"，"Hey Google"に続けて，英語でしゃべりかけてください．図14に示すのは，会話中に画面に流れるメッセージです．

◆参考文献◆

Overview of the Google Assistant Library for Python，Google Assistant SDK.
https://developers.google.com/assistant/sdk/develop/python/

第14話　Alexa！明日の天気，教えて？

［クラウドAIと会話する②］Amazon Alexaとおしゃべり

Googleだけでなく Amazon も AIクラウド・サービスを提供しています．Alexa(アレクサ)です．そのうちのAlexa音声認識クラウド・サービスAVS(Alexa Voice Services)をトラ技AIスピーカで利用してみます．

● 手順① 開発者コンソールにログインする

パソコンからWebブラウザで次のWebサイトにアクセスします．

developer.amazon.com

開発者コンソールにログインして(**図1**)，右上の「サインイン」か「開発者コンソール」をクリックします．新規に利用する場合は，その前にアカウントを作ってください．

● 手順② 開発を始める

アカウントの作成とログインができたら，Alexa Voice Serviceを開始します．いくつかの方法でアプローチできますが，基本的なルートは次のとおりです．

Amazon DeveloperからAlexa Voice Serviceを選択します．Amazon developer の URL は https://developer.amazon.com/

図1　Amazon開発者コンソールからログインする
初めて利用する場合は，あらかじめアカウントを作っておく

dashboardです．

このページを開くと**図2**の画面が表れます．ここで［Alexa Voice Service］を選びます．すると「Alexa音声サービス開発者コンソール」が開くので，［製品］を選択します．

Amazonのサポート・ページは頻繁にレイアウトや内容が更新

図2　Alexaタブの Alexa Voice Serviceを選ぶ
［始める］をクリックする

表1　製品情報を入力する
製品IDは後で使うのでメモする

設定項目	入力例
製品名	CQ AI Speaker　（空白可）
製品ID	CQ_AI_Speaker　（空白不可）
製品タイプ	Alexa内蔵の端末
商品カテゴリ	その他(指定してください) ラズベリー・パイ拡張基板
製品概要	トランジスタ技術AIスピーカ
やりとりの方法	タッチ ✓ハンズフリー ✓ファー・フィールド
画像のアップロード	不要
商品として配信しますか	いいえ
Alexa for businessに使用されますか	いいえ
複数のAWS IoTコア・アカウントに関連付けられますか	いいえ
13歳以下の子供向けですか	いいえ

されます．ページが見つからなくなったら「Alexa Voice Service」で検索してみてください．

● 手順③ 製品情報を入力する

画面右上にある「製品を作成する」をクリックし，**表1**を参考にして入力してください．製品IDは認証時に使うのでメモしておいてください．

● 手順④ セキュリティ・プロファイルを作る

［次へ］をクリックすると，**図3**のページになります．

「セキュリティ・プロファイル名」と「セキュリティ・プロファイル記述」に，図のように記入します．［次へ］を押すと，**図4**のページになります．プラットフォームは「ウェブ」の右にある「他のデバイスやプラットフォーム」を選びます．ここで「ダウンロード」を押して，認証ファイルconfig.jsonを取得します．セキュリティ・プロファイルID，クライアントID，クライアントのシークレットの欄に，付与されたコードが表示されるのでメモします．

大事なのが一番下の「許可された出荷地」(Allowed origins)と「許可された返品URL」(Allowed return URLs)です．次のように入力してください．

- 許可された出荷地　：https://localhost:3000
- 許可された返品URL：https://localhost:3000/authresponse

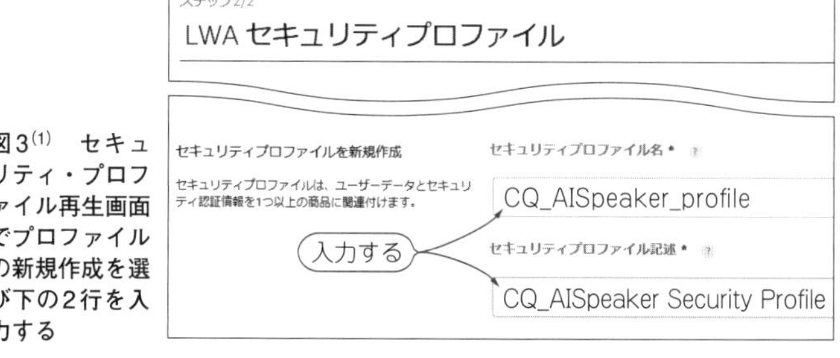

図3[1] **セキュリティ・プロファイル再生画面でプロファイルの新規作成を選び下の2行を入力する**

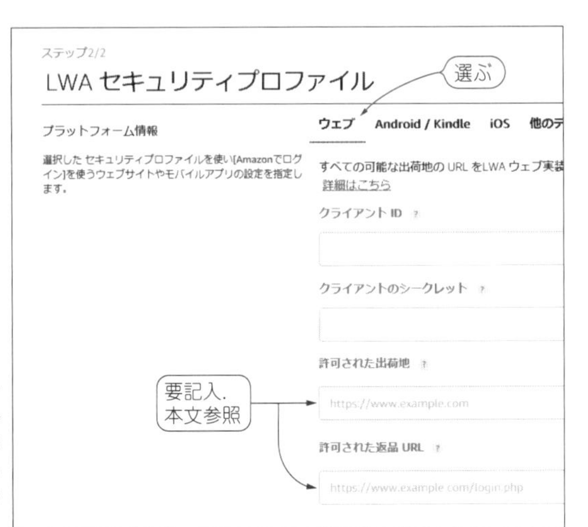

図4　セキュリティ・プロファイル作成画面…3つのIDが付与されるのでコピーしておく

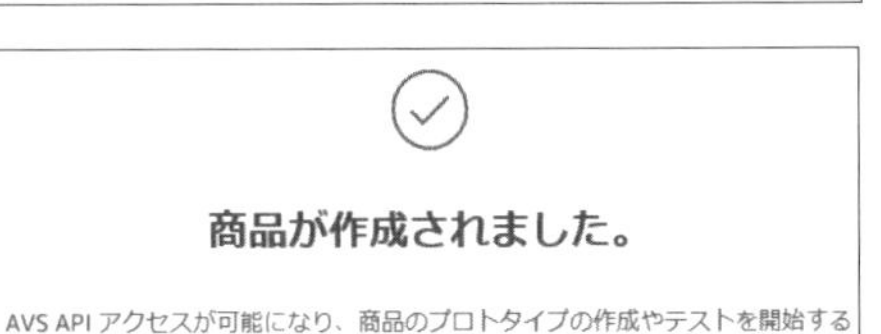

図5　登録完了ページ
音声サービスが使えるようになった

図6　今までに作った製品の一覧
「管理する」で修正.「製品を作成する」で新規に開発できる

これを入力しないと，Alexaにアクセスできません.「出荷」や「返品」は，機械翻訳が生成した語句ですが，通販大手らしい表現です.

AVSの要件に同意して［完了する］を押すと，**図6**のページになります.

*

以上で登録作業は終わりです．サインアウトします．

● 手順⑤ ラズベリー・パイにAVSをセットアップ

次の3つのプログラムをインストールします．

(1)Javaサンプル・アプリケーション
　ラズベリー・パイ上でAVSを動かすプログラム
(2)Node.jsサーバ
　ブラウザ上でIDによる認証を行う
(3)Wake Wordエンジン
　"Alexa"の呼びかけによるAVSの起動を行う

● 手順⑥ サンプル・アプリケーションをダウンロード

ラズベリー・パイにパソコンからSSHでリモート接続します．パソコンではTera Termなどのターミナル画面を通して操作を行います．

環境が整ったら，AVS Device SDKをダウンロードします．ダウンロードするファイルは，setup.sh，genConfig.sh，pi.shの3つのシェル・コマンドです．

wgetコマンドでウェブページから直接ダウンロードします．

```
wget␣https://raw.githubusercontent.com/alexa/avs-device
-sdk/master/tools/Install/XXXX↵
```

XXXXの部分に3つのファイル名を入れてダウンロードを繰り返します．

● 手順⑦ 認証情報のダウンロード

SDKサンプルを使う前に，Alexaクラウドを使って認証作業をします．前記の製品登録の際に，config.jsonを取得できていない場合には，次のURLへアクセスしてダウンロードしてください．

https://developer.amazon.com/alexa/console/avs/home

「製品」をクリックすると，登録した製品のIDなどが表示されます．登録名称をクリックすると，詳細が表示されるので，その左側にある［セキュリティプロファイル］を選択し，「他のデバイスやプラットフォーム」に進み，ダウンロードをクリックすると，config.jsonを取得できます．パソコンにダウンロードされるので，TeraTermなどでラズベリー・パイのホーム・ディレクトリ/home/piに転送します．

● 手順⑧ インストール・スクリプトを実行する

これでインストール・スクリプトを実行する準備が整いました．次のようにsetup.shスクリプトを実行します．

```
cd␣/home/pi/
sudo␣bash␣setup.sh␣config.json
```

サード・パーティのライブラリを使用するライセンス承認を求められます．「AGREE」と入力すると，インストールが始まります．20分ほどかかります．

```
Press RETURN to review the license agreement and update the files.
```

と表示されたらリターン・キーで進めます．

```
Do you accept this license agreement? [yes or no] :
```

と聞かれたらyesとタイプします．コンパイルが完了すると，

```
[100%] Built target SampleApp
```

と表示されます．

コンパイルが正常に行われない場合，ラズベリー・パイの電源を強制的に抜いて，再度setup.shコマンドを実行してみてください．

● 手順⑨ トークンの更新

AVS Device SDKのインストールが完了しましたが，ラズベリー・パイをクラウドのAlexa Voice Serviceに接続するためにトークンの更新が必要です．これは少し特殊な方法で行います．

```
sudo␣bash␣startsample.sh↵
```

を実行すると，次の表示が出ます．

```
####################################
#          NOT YET AUTHORIZED          #
```

```
#######################################
```

続いて，次のように表示されます.

```
#############################################
   To authorize,  browse to: 'https://amazon.com/us/code'
and enter the code: XXXXXX
#############################################
```

ここに表示されているURLとcodeをメモします.

```
########################################
#         Checking for authorization (1)...          #
########################################
```

あとは，"Checking for authorization (1)"というメッセージが流れて，(1)の部分がカウントアップします．そのまま放っておくと，認証のタイミングを逃します．このChecking for authorizationというメッセージが流れている間に，パソコンのブラウザを使用して先ほどのURLを開くと，codeを入力する画面が出ます.

XXXXXXと入力すると，**図6**の画面が表示されて，ラズベリー・パイに流れていたメッセージが停止します.

これでインストールは完了です.

● 手順⑩ 会話する

Alexaと会話をしてみましょう.

```
sudo␣bash␣startsample.sh
```

と入力します．メッセージが流れて，待ち受け状態になります．ここで「t」を押して，"Tell me a joke"など，英語で話しかけてみてください．または"Alexa"と呼びかけると会話が始まります.

◆参考文献◆

(1) Create Security Profile,
https://github.com/alexa/alexa-avs-sample-app/wiki/Create-Security-Profile
(2) https://developer.amazon.com/ja-JP/alexa/alexa-voice-service/register-a-product.html

第15話　Linuxの定番アプリケーションLIRCを組み込む

[IoT機能プラス①] リモコン学習機能

トラ技AIスピーカは，寝室やリビングの好きな場所に設置して，どこからでも手元でON/OFF操作できるように，本体にボタンを付けていません．幸い，使用したMEMSマイクは感度が良好なので，数m離れたところからでもしっかりと音声をキャッチしてくれます．

付録基板には，赤外線リモコンの送信回路と受信回路も搭載できます(**図1**)．ここでは，赤外線リモコンの操作を行うアプリケ

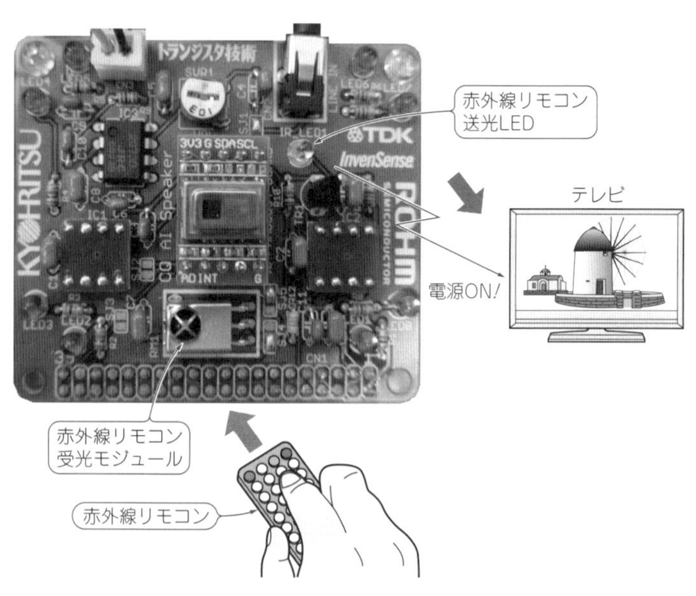

図1　ラズベリー・パイに赤外線リモコン学習機能を組み込む
実験に使用した赤外線リモコンは，RM-RXQ55(JVCケンウッド)とN9295(フナイ)

ーション「LIRC(Linux Infrared Remote Control)」の使い方を説明します.

■ アプリケーションLIRCを組み込む

● 手順① LIRCをインストールする

赤外線リモコン用のLinuxの定番アプリケーションはLIRCです. 次のコマンドで, ラズベリー・パイにインストールします.

```
sudo␣apt-get␣install␣lirc↵
```

すでにインストールされている場合は,「lircはすでに最新バージョン(…)です」と返ってきます. 最初に, 付録基板の赤外線リモコン関係のピン番号を調べます.

```
gpio␣readall↵
```

と入力すると, SoC(BCM2387)と, SoC内GPIO回路のドライバWiring Piの番号, そしてラズベリー・パイ基板上のGPIOコネクタのピン番号が表示されます(**図2**). コマンド・ラインから操作に利用するのはSoCのピン番号です.

付録基板上の送光LEDにつながる端子(IR-TX)はSoCの17ピンに, 受光モジュールの入力(IR-RX)はSoCの4ピンにつながっています.

● 手順② LIRCの設定ファイルを一部変更する

次のコマンドを入力して, LIRCの設定ファイルをnanoエディタで開き, **図3**のように修正します.

```
sudo␣nano␣/etc/lirc/lirc_options.conf
```

● 手順③ LIRCを追加する

次のように入力して, システム設定ファイル(/boot/config.txt)を開きます.

```
sudo␣nano␣/boot/config.txt↵
```

次の4行を追加します(**図4**).

```
dtoverlay=lirc-rpi↵
```

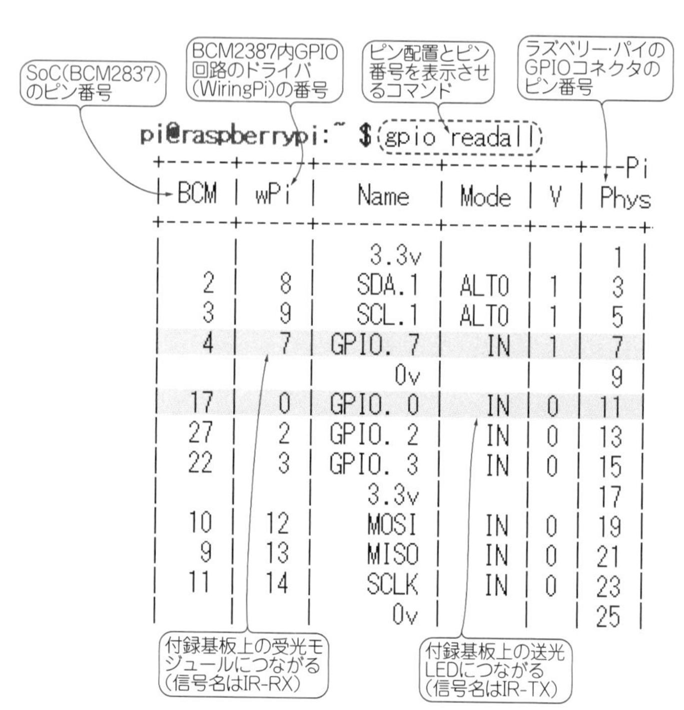

図2　SoC(BCM2387)のピン番号とラズベリー・パイ基板上のGPIOコネクタのピン番号を確認する
利用するのはSoCのピン番号

```
dtparam = gpio_in_pin = 4↵
dtparam=gpio_in_pull=up
dtparam = gpio_out_pin = 17↵
```

上記の“4”と“17”はBCM2837のピン番号(**図2**)です．

● 手順④ ラズベリー・パイを再起動する

ラズベリー・パイを再起動すると，LIRCが有効になります．

```
sudo␣reboot↵
```

LIRCが有効になっているかどうかは，次のコマンドを入力して確認します．

エディタで/etc/lirc/lirc_options.confを開く

```
GNU nano 2.7.4        ファイル: /etc/lirc/lirc_options.conf

# These are the default options to lircd, if installed as
# /etc/lirc/lirc_options.conf. See the lircd(8) and lircmd(8)
# manpages for info on the different options.
#
# Some tools including mode2 and irw uses values such as
# driver, device, plugindir and loglevel as fallback values
# in not defined elsewhere.

[lircd]
nodaemon        = False
driver          = default       #devinput
device          = /dev/lirc0    #auto
output          = /var/run/lirc/lircd
pidfile         = /var/run/lirc/lircd.pid
plugindir       = /usr/lib/arm-linux-gnueabihf/lirc/plugins
permission      = 666
allow-simulate  = No
repeat-max      = 600
#effective-user =
```

この2行を変更する

図3 リモコン・アプリケーションLIRCの設定を変える
lirc_options.confファイルの一部を図のように変更する

```
# Uncomment some or all of these to enable the optional
hardware interfaces
dtparam=i2c_arm=on
dtparam=i2s=on
#dtparam=spi=on

# Uncomment this to enable the lirc-rpi module
#dtoverlay=lirc-rpi,gpio_in_pin=4,gpio_out_pin=17
dtoverlay=lirc-rpi
dtparam=gpio_in_pin=4
dtparam=gpio_out_pin=17

# Additional overlays and parameters are documented /boot
```

この3行を追加する

図4 システム・コンフィグレーション・ファイルにLIRCを追加して，SoCのピン番号と関連付ける

lircが含まれる行が表示される

このように入力する

```
pi@raspberrypi:~ $ lsmod | grep lirc
lirc_rpi               9032  3
lirc_dev              10583  1 lirc_rpi
rc_core               24377  1 lirc_dev
pi@raspberrypi:~ $
```

図5 ラズベリー・パイを再起動して，LIRCが有効化されていればlircという文字が表示される

```
lsmod␣|␣grep␣lirc↵
```

図5のような表示が出たら成功です．

```
pi@raspberrypi:~ $ ls -l /dev/lirc*
crw-rw---- 1 root video 244, 0 12月 21 09:51 /dev/lirc0
pi@raspberrypi:~ $ █
```


図6　コード読み取りプログラム lirc0 があることを確認

次のように入力して，コードを解釈する制御デバイス lirc0があることを確認します．

ls␣-l␣/dev/lirc *⏎

図6のように出力されたら成功です．

■ リモコン・コードの学習動作テスト

リモコンの“1”をAI会話機能を起動するボタン(名前はstart)に割り当てて，トラ技AIスピーカを学習させます．

① コードの受信動作を確かめる

次のように入力して，コードと動作を関連付けるプログラムlircdをいったん停止させます．

sudo␣/etc/init.d/lircd␣stop⏎

次のコマンドを入力して，コード解釈待ち受け状態(受信状態)にします．

sudo␣mode2␣-d␣/dev/lirc0⏎

リモコンの“1”ボタンを押して，受光素子に赤外線を照射します．**図7**のように応答したら成功です．受信待機状態から抜け出したいときは，Ctrl+Cを押します．

チェックが終わったら，次のように入力して，lircdを再起動します．

sudo␣/etc/init.d/lircd␣start⏎

次のように入力します．

sudo␣/etc/init.d/lircd␣restart⏎

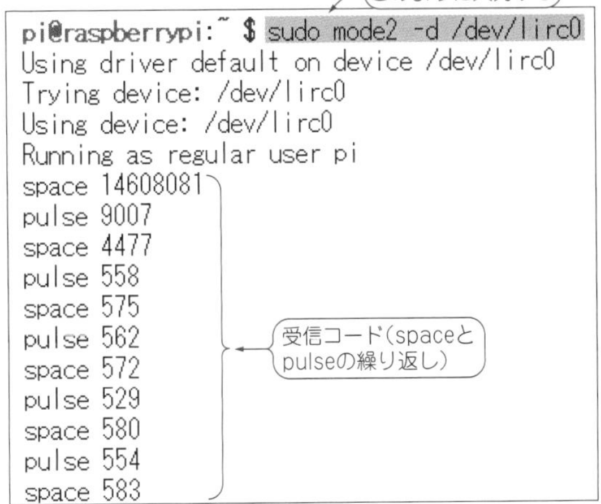

図7　コード読み取りプログラムlirc0を起動して，受光モジュールに赤外線を照射すると，spaceとpulseの連続コードが捕らえられて表示される

② コードを解釈して記録するコマンドirrecordを入力する

次のように入力します．

```
sudo␣irrecord␣-n␣-d␣/dev/lirc0↵
```

説明文が流れて，Press RETURN to continue.で止まったら，Enterキーを押します．蛍光灯などの外乱光がなければ次のように表示されます．

```
No significant noise(received 0 bytes)
Enter name of remote(only ascii, no spaces):
```

③ 学習結果を保存するファイルを作る

リモコンの名前を“my_remocon”と命名し入力して，Enterキーを押します．すると，my_remocon.lircd.confという名前のファイルが作られます．ここに学習結果を保存します．

④ 赤外線を受光モジュールに照射する

```
Press RETURN now to start recording
```

と表示されたらEnterキーを押し，リモコンの“1”ボタンを何度か繰り返し押します．

```
Please keep on pressing buttons like described above.
```

というメッセージが出ている間はボタンを押し続けます．ドットが続いた後，

```
Got gap(…us)
```

と表示されたら，コードの解読に成功しています．

⑤ ボタンに名前を付ける

```
Please enter the name for the next button…
```

と表示されたら“start”と入力します．next buttonは「“1”の次のボタン」と読めるので，理解に苦しみますが，これが押したボタン“1”に割り当てる機能名（会話機能を始動する）のようです．

次のように表示されるので，startボタン，つまり“1”ボタンを押します．

```
Now hold down button “start”.
Please enter the name for the next button(press 〈ENTER〉 to finish recording)
```

“1”に続けて，別のボタンも学習する場合は，前述の操作を繰り返します．ここでは“1”ボタンの1個だけ学習させて終了するので，リターン・キーを押して次に進みます．

⑥ ボタンを何度か押しまくって癖を覚えこませる

```
Checking fog toggle bit mask.…
```

と表示されたら，Enterキーを押して，リモコンのいろいろなボタンを無作為に短く何度も押します．ドットが出て，次のように表示されたら学習は終了です．

```
Toggle bit mask is 0x…
Successfully written config file my_remocon.lircd.conf
```

⑦ 作られた学習コード・ファイル lircdの中身を確認する

次のように入力すると，**図8**のようなテキストが表示されます．

```
begin remote

  name  my_remocon
  bits            24
  flags SPACE_ENC|CONST_LENGTH
  eps             30
  aeps           100

  header        3438  3549
  one            817  2676
  zero           817   937
  ptrail         818
  gap         104362
  toggle_bit_mask 0x20020
  frequency    38000

      begin codes
          start                       0x17EE81
      end codes

end remote
```


図8　学習済みファイルlircdの内容を確認

```
cat␣my_remocon.lircd.conf↵
```

これは学習コード・ファイルの中味です．homeディレクトリにあるので，実際に使用するディレクトリ（/etc/lirc/lircd.conf.d）にコピーします．次のように入力します．

```
sudo␣cp␣my_remocon.lircd.conf␣/etc/↵
lirc/lircd.conf.d↵
```

⑧ 確認

次のように入力してlircdを再スタートさせます．

```
sudo␣/etc/init.d/lircd␣restart↵
```

次のコマンドで受信待機に入ります．

```
irw↵
```

“1”ボタンを押して，**図9**に示すレスポンスが表示されたら成功です．

```
pi@raspberrypi:~ $ sudo /etc/init.d/lircd restart
[ ok ] Restarting lircd (via systemctl): lircd.service.
pi@raspberrypi:~ $ irw
000000000017ee81 00 start my_remocon
```


図9　リモコンの“1”ボタンを押したときのラズベリー・パイの応答
使用しているリモコン my remoconのボタン“1”対応するコードと名称(start)が表示された

コマンド・ラインからOSをベタ操作! 超ライト級エディタnano

Xwindow対応かどうか気にせず，どのLinux端末にもTera Term接続＆ファイル操作

ラズベリー・パイのOS(Raspbian)は，“nano”というエディタを備えています．ソフトウェアのインストールや起動時に，ターミナルからコマンドを入力しますが，これと同じ環境で，OSを直接操作する感覚で利用できます．いちいちXwindowを起動する必要がなく，同じコマンド・ラインから起動できるのでスピーデ

表A　nanoを呼び出すオプション一覧

起動コマンド	機　能
nano	新規ファイル作成時
nano abc.txt	既存ファイルを開く(編集)
nano -E abc.txt	タブをスペースに変換する
-S	1行ずつスクロールする
-i	改行で自動インデント
-l	行番号を表示する
-m	マウスを有効にする
-v	読み取り専用(ビューモード)
-t	終了時に破棄を問い合わせない

■ リモコンのstartボタン("1"ボタン)でWAVファイルを再生する

学習が終わったら，トラ技AIスピーカをリモコンで操作してみます.

nanoエディタで，**図10**のようにリモコンの動作仕様を記述します．startボタン("1"ボタン)を押すと，ALSAが起動して，WAVファイル(mic.wav)を再生します．適当なファイルがなければ，"echo ok"などと書いてください．ボタンが押されたときに実行するターゲットは，コマンドでもプログラムでもかまいません.

ィで手軽です.

表Aに示すのは，よく使うコマンドの一覧です．スペース，タブなどの通常キーのほかに，**表B**に示すCtrlキー併用コマンドもあります．ファンクション・キー(F1～F12)も使えます.

表B　Ctrlキーといっしょに使うコマンド

操作	機能	備考
Ctrl＋G	ヘルプ	Ctrl＋Xで終了
Ctrl＋X	終了	nanoを閉じる
Ctrl＋O	書き込み	ファイル保存
Ctrl＋R	ファイル読み込み	カーソル位置に
Ctrl＋W	検索	後方
Ctrl＋Y	移動	前ページへ
Ctrl＋V	移動	次ページへ
Ctrl＋C	取り消し	コマンドの取り消し
Ctrl＋K	1行カット	Ctrl＋Uでundo
Ctrl＋U	1行ペースト	カットした内容
Ctrl＋\	文字列の置換	置換する文字を入力

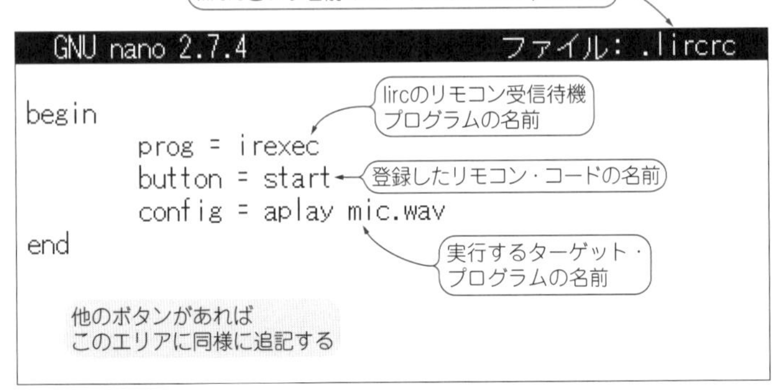

図10　リモコン・コード登録ファイル
ディレクトリ/home/piに".lircrc"という名前のファイルを作る

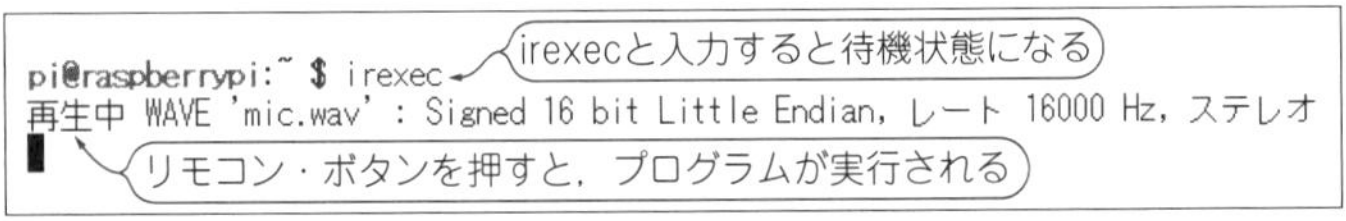

```
pi@raspberrypi:~ $ irexec
再生中 WAVE 'mic.wav' : Signed 16 bit Little Endian, レート 16000 Hz, ステレオ
█
```

irexecと入力すると待機状態になる
リモコン・ボタンを押すと，プログラムが実行される

図11　リモコン・ボタンを押すと，録再アプリケーションALSAが起動してwavファイルが再生される
コマンドirexecを入力すると，受信待機状態になる

ホーム・ディレクトリ(/home/pi)にファイルを作ります．ファイル名は".lircrc"とします．冒頭のドット(.)を忘れないでください．拡張子はありません．

LXTerminalから次のように入力すると，ラズベリー・パイがリモコン・コードの受信待機状態になります．

```
irexec↵
```

登録したリモコン・ボタン(ここではstart)を押すと再生プログラム(ALSA)が起動します(**図11**)．

第16話　人体が出す赤外線を8行×8列センサで検出

[IoT機能プラス②]
近づくだけでON! サーモ・カメラ

写真1　付録基板のオプション・モジュールの1つ，64画素の赤外線アレイ・センサAMG8834(パナソニック)を搭載したサーモ・カメラ
トラ技AIスピーカに人が近づくと自動的に起動するプログラム(grideye.py)を制作して，ラズベリー・パイに組み入れる

● トラ技AIスピーカを自動起動したい

付録基板(トラ技AIセンサ・フュージョン)には，I^{2}Cインターフェースの IC を搭載したDIPモジュールを実装できるエリアがあります(第1話参照)．ここに，赤外線を検出できるセンサを搭載すれば，人が近づいたことを検知して，自動的にAIスピーカを起動することができます．

ここでは，付録基板用に開発したDIP型のサーモ・カメラ・モジュールに搭載されている赤外線アレイ・センサ AMG8834(**写**

真1)の使い方を紹介します.

● 赤外線センサとは

▶物体から発せられる電波を捕える

デジカメやスマホに搭載されているイメージ・センサが撮影しているのは, ターゲットに当たった光の反射です. 真っ暗なところでは, 光源がないので反射光がないので何も写りません.

温度をもつすべての物体からは, 赤外線という波長の長い光が発射されています. これを捕えれば, 暗闇でもターゲットを撮影できます.

図1に示すのは, 付録基板用に開発した赤外線サーモ・カメラ・モジュールで撮影した私から出ている赤外線電波の画像です. 高温部は赤っぽく, 低温部は青っぽく表示されます.

▶実際の赤外線センサ AMG8834

AMG8834(パナソニック)は. 電源3.3V, 画素数64(=8行×8列)のMEMSセンサです. 電子レンジやエアコンに使われています.

人体を検出できる距離は7m以内です. −20〜+100℃を±3℃の精度で検出できます. 視野角は, 60°(±30°)です. 検出レートは1フレーム/秒または10フレーム/秒です.

図2にブロック図を示します. 64個(8行×8列)のセンサ画素の出力を増幅してA-D変換します. データはI^2Cインターフェースを通じて出力されます. I^2Cアドレスは, AD_SELECT端子の設定により2つ選択できます. 基準用のサーミスタも内蔵しており, その温度もI^2Cで読み出すことができます.

● 動かし方

▶ラズベリー・パイの初期設定

動作確認のために, サーモグラフィ画像をモニタに表示してみましょう. I^2CインターフェースとVNCを有効にします. ラズベリー・パイに接続したキーボード, またはSSH接続のパソコンから次のように入力します.

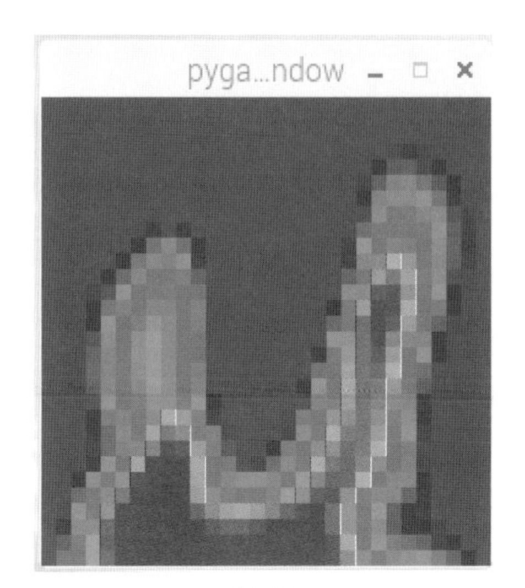

(a) 指

(b) 顔

図1　サーモ・カメラ・モジュールは暗闇でも人の姿を捕らえる
温度の高いところは赤い．指先の温度は低く，目や口元の温度は高いことがわかる

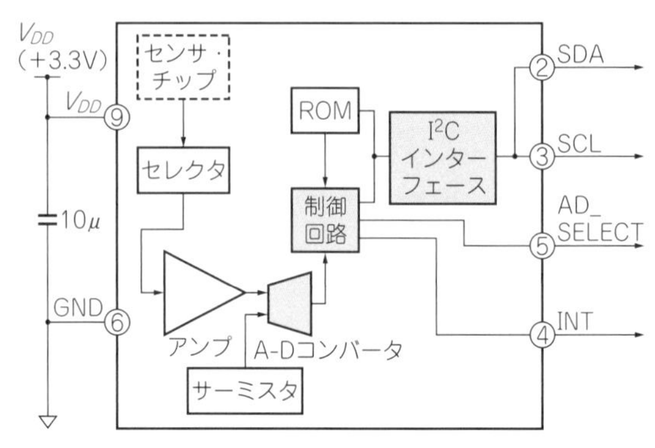

図2　赤外線アレイ・センサAMG8834の内部ブロック
データはI^2Cインターフェースで読み出せる

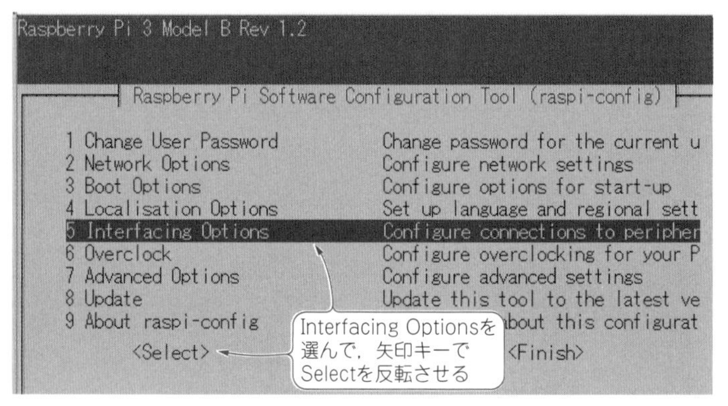

図3　赤外線アレイ・センサAMG8834を動かす① ラズベリー・パイの初期設定画面でI^2Cインターフェースを有効にする

```
sudo raspi-config
```

図3の画面が出たら，Interfacing OptionsからI^2Cを選んで有効(enable)にします．

同様に，[Interfacing Options]-[VNC]-[yes] と進みます．VNCのインストールには少し時間がかかります．終わったらリ

```
pi@raspberrypi:~ $ sudo i2cdetect -y 1
     0  1  2  3  4  5  6  7  8  9  a  b  c  d  e  f
00:          -- -- -- -- -- -- -- -- -- -- -- -- --
10: -- -- -- -- -- -- -- -- -- -- -- -- -- -- -- --
20: -- -- -- -- -- -- -- -- -- -- -- -- -- -- -- --
30: -- -- -- -- -- -- -- -- -- -- -- -- -- -- -- --
40: -- -- -- -- -- -- -- -- -- -- -- -- -- -- -- --
50: -- -- -- -- -- -- -- -- -- -- -- -- -- -- -- --
60: -- -- -- -- -- -- -- -- -- 69 -- -- -- -- -- --
70: -- -- -- -- -- -- -- --
pi@raspberrypi:~ $
```

図4　赤外線アレイ・センサAMG8834を動かす② I²Cインターフェースの動作テスト
アドレス69hのデバイスがあることがわかる

表1　赤外線アレイ・センサ AMG8834のI²Cアドレス
付録基板上のジャンパSJ_2はオープンにしておく

SJ2	AD_SELECT	アドレス(BIN)	アドレス(HEX)
ショート	GND	1101000	68
オープン	V_{CC}	1101001	69

ブートします.

sudo␣reboot↵

次に，パッケージ・リストを更新します[2].

sudo␣apt-get update↵

ここにはアプリケーション名とその探索先が多数載っています. Linuxでは，アプリケーションのファイル一式をパッケージと呼びます.

▶I²Cバスが正常かどうかテストする

次のように入力すると，**図4**の画面が表れます．末尾は数字の1です.

sudo␣i2cdetect␣-y␣1↵

表1にAMG8834のI^{2}Cアドレスを示します．付録基板のSJ_2はオープンなので，I^{2}Cアドレスは69hです．これは**図4**の結果と一致します．

▶アプリケーション・ソフトウェアのインストール

LXTerminalで，次のように順に入力してください．

```
sudo␣apt-get␣install␣-y␣build-essential␣python-pip
␣python-dev␣python-smbus␣git↵
git␣clone␣https://github.com/adafruit/Adafruit↵
Python_GPIO.git↵
```

次のように入力して，作ったディレクトリに移ります．

```
cd␣Adafruit_Python_GPIO↵
```

次のように入力します．

```
sudo␣python␣setup.py␣install↵
sudo␣apt-get␣install␣-y␣python-scipy␣python-py
game↵
sudo␣pip␣install␣colour␣Adafruit_AMG88xx↵
```

▶サーモグラフィ表示ソフトウェアを動かす

次のように入力して，ホーム・ディレクトリに戻ります．

```
cd ~↵
```

続いて次のように入力します．

```
git␣clone␣https://github.com/adafruit/Adafruit↵
_AMG88xx_python.git↵
```

次のように入力して，表示ソフトウェアのディレクトリに入ります．

```
cd␣Adafruit_AMG88xx_python/examples↵
```

次のように入力して，画素のアクセスが正常かチェックします．

```
python␣pixels_test.py↵
```

図5のように表示されたら問題ありません．動作しない場合は，インストールをやりなおしてください．

このように入力する

```
pi@raspberrypi:~/Adafruit_AMG88xx_python/examples $ python pixels_test.py
[18.75, 18.5, 21.25, 28.5, 21.0, 17.5, 17.75, 16.5, 19.0, 18.0, 18.25, 18.75, 18
.0, 17.5, 16.75, 17.0, 17.75, 17.25, 18.0, 17.0, 17.5, 17.0, 16.25, 17.25, 18.25
, 17.25, 16.75, 18.0, 17.5, 17.5, 16.75, 17.25, 19.75, 18.0, 17.75, 17.25, 17.25
, 16.75, 17.25, 18.0, 19.5, 18.5, 17.0, 17.75, 16.5, 17.5, 19.25, 18.5, 18.75, 1
8.0, 18.75, 18.5, 18.0, 17.75, 17.75, 18.0, 18.0, 18.25, 18.75, 18.75, 17.5, 18.
5, 18.25, 18.5]
[19.25, 18.75, 21.0, 28.25, 21.25, 17.25, 17.75, 16.0, 18.0, 18.5, 17.75, 18.75,
 18.0, 17.25, 16.75, 17.0, 18.25, 18.0, 17.75, 17.75, 17.5, 17.25, 16.75, 17.25,
 19.0, 17.75, 17.0, 17.5, 17.75, 17.25, 16.75, 17.75, 19.25, 17.75, 17.25, 17.75
, 17.0, 17.0, 17.75, 18.25, 19.25, 18.0, 17.5, 18.25, 16.5, 17.0, 18.75, 18.0, 1
8.5, 18.25, 18.0, 18.25, 18.25, 18.25, 18.0, 18.25, 18.0, 17.75, 18.5, 18.25, 16
.75, 18.0, 18.75, 18.25]
[19.25, 18.5, 21.0, 29.25, 21.5, 17.5, 17.75, 17.0, 18.5, 18.0, 18.25, 19.0, 18.
```

64個(8行×8列)の各画素のレベル

図5　トラ技AIスピーカの自動起動用に開発したソフトウェア gridey.py(開発は横山昭義氏)**を動かしてみた**

ソフトウェアを動かすと各画素の測定温度[℃]が表示される．最後に人が近づいているか(true)，いないか(false)の判定結果も表示される．中央の温度が高ければ人物と判断する．トラ技AIスピーカのラズベリー・パイ・イメージ・ファイルは本誌のウェブサイトでダウンロードできる

このように入力する

各画素の温度[℃]

```
pi@raspberrypi:~ $ python grideye_i2c.py
I2C slave address:69
Thermistor:+27.6875
+17.25  +17.75  +18.00  +18.00  +18.75  +19.00  +19.00  +18.75
+17.00  +17.25  +17.50  +17.75  +17.75  +16.75  +18.25  +19.00
+17.25  +18.50  +16.50  +15.75  +16.50  +16.50  +17.50  +18.25
                +16.50  +16.50  +16.25  +16.75
+17.75  +16.75                                  +16.75  +16.75
+17.75  +16.25  +15.75  +16.50  +17.00  +17.00  +17.50  +17.75
```

図6　赤外線アレイ・センサAMG8834を動かす③サーモグラフィ表示ソフトウェア

8行×8列(64個)の各画素の検出レベルが表示される

次のように入力するとサーモグラフィが表示されます．

sudo␣python␣thermal_cam.py↵

● 人が近くにいるかどうかを判定するアルゴリズム

次の基準で，人がいることを判定するソフトウェア grideye_i2cxxを開発しました(開発者は横山 昭義氏)．

(1) 周囲に比べて中央の温度が高い

(2) 全体にわたり，5℃以上の温度上昇が50 %以上の面積で発生した(数値は変更可能)

(3) 上記のどちらかが発生したとき"true"，発生しなければ"false"を返す

このソフトウェアを動かすと，**図6**のように各画素の測定温度[℃]が表示されます．**図6**には示されていませんが，リストの最後にtrue/falseが表示されます．

人が遠くから接近し，中央の温度が周囲に比べてわずかに高くなったら，人がカメラの視野に入ったと判断します．AIスピーカの起動には，人物の有無(true/false)だけを使用します．

◆参考文献◆

(1) 赤外線アレイ・センサ Grid-EYE(AMG88)，パナソニック，2017年4月．

(2) Dean Miller，"Raspberry Pi Thermal Camera"，
https://learn.adfruit.com/adafruit-amg8833-8x8-thermal-camera-sensor/raspberry-pi-thermal-camera

索　引

【数字・アルファベット】

【あ行】

【か行】

【さ行】

【た行】

【な行】

【は行】

【ま行】

【や行】

【ら行】

著者略歴

漆谷 正義(うるしだに まさよし)

1945年　神奈川県生まれ

1971年　神戸大学大学院理学研究科修了．三洋電機(株)入社

2009年　大分県立工科短大非常勤講師，西日本工業大学非常勤講師

2014年　大分大学工学部非常勤講師

主な著書は「作る自然エレクトロニクス」(2011年，CQ出版社)．イノシシ撃退機1500台を製作販売．量子コンピュータ分野や農業エレクトロニクス分野でも活動中

高梨 光(たかなし ひかる)

1975年　富山県生まれ

1998年　大手通信機器メーカ入社

ディジタル信号処理を用いたソフトウェア無線機の設計に従事

畑 雅之(はた まさゆき)

1965年　札幌市生まれ

1988年　北海道教育大学旭川分校小学校教員養成課程保健体育科卒．同年，NECソフトウェア北海道入社

2007年　HiSC Inc.入社

2011年　東北大学大学院情報科学研究科情報科学専攻 計算機構論研究室研究員

2018年　HiSC Nordic ApS(デンマーク)CTO現職

松原 仁(まつばら ひとし)

1986年　東京大学大学院工学系研究科情報工学専攻博士課程修了．同年，産業技術総合研究所)入所

CQ文庫シリーズ
Google HomeやAmazon Echoはこうやって動いている
ラズベリー・パイで作る AIスピーカ［プリント基板付き］

2020年5月1日　初版発行

著　者　漆谷 正義/高梨 光/畑 雅之/松原 仁
発行人　寺前 裕司
発行所　CQ出版株式会社
東京都文京区千石4-29-14（〒112-8619）
電話　出版　03-5395-2123
　　　販売　03-5395-2141

編集担当　寺前 裕司
マンガ/イラスト　神崎 真理子
カバー・表紙　株式会社ナカヤデザイン
DTP　美研プリンティング株式会社
印刷・製本　三共グラフィック株式会社
乱丁・落丁本はご面倒でも小社宛お送りください．送料小社負担にてお取り替えいたします．
定価はカバーに表示してあります．
ISBN978-4-7898-5031-5
Printed in Japan